冶金工业出版社

普通高等教育"十四五"规划教材

矿山安全技术实训

主　编　杨峰峰　张光生
副主编　杨日丽　王斯扬

北　京
冶金工业出版社
2022

内 容 提 要

　　本书详细介绍了矿山安全技术及其新方法,主要内容包括:煤矿安全技术参数测定,安全监测监控、安全检查、瓦斯抽采等特殊工种技能实训,风险分级管控与隐患排查双重预防机制,安全评价与应急救护技术实训。

　　本书可作为应用型本科院校和职业技术院校安全工程、应急技术与管理及相关专业的教材,以及新上岗人员或在岗人员的培训教材,也可供煤矿企业安全管理人员、安全技术人员及其他生产管理人员参考。

图书在版编目(CIP)数据

　　矿山安全技术实训/杨峰峰,张光生主编. —北京:冶金工业出版社,2022.7

　　普通高等教育"十四五"规划教材

　　ISBN 978-7-5024-9205-2

　　Ⅰ.①矿… Ⅱ.①杨… ②张… Ⅲ.①矿山安全—安全技术—高等学校—教材 Ⅳ.①TD7

　　中国版本图书馆 CIP 数据核字(2022)第 116008 号

矿山安全技术实训

出版发行 冶金工业出版社		**电　话**	(010)64027926
地　址 北京市东城区嵩祝院北巷 39 号		**邮　编**	100009
网　址 www.mip1953.com		**电子信箱**	service@ mip1953.com

责任编辑　高　娜　美术编辑　彭子赫　版式设计　郑小利
责任校对　梅雨晴　责任印制　禹　蕊
三河市双峰印刷装订有限公司印刷
2022 年 7 月第 1 版,2022 年 7 月第 1 次印刷
787mm×1092mm　1/16;11.5 印张;276 千字;171 页
定价 39.00 元

投稿电话　(010)64027932　投稿信箱　tougao@cnmip.com.cn
营销中心电话　(010)64044283
冶金工业出版社天猫旗舰店　yjgycbs.tmall.com
(本书如有印装质量问题,本社营销中心负责退换)

编审委员会

主　任：徐宏武

成　员：杨峰峰　张光生　刘雪芬　杨日丽

　　　　张巨峰　姬安召　王斯扬

前　言

随着总体国家安全观的提出，我国对安全人才需求不断加大，特别在新工科背景下，培养满足国家现代化安全产业发展需求的安全人才是大势所趋。截至 2021 年，我国开设安全工程专业的高校增加至近 200 所，安全工程专业进入高质量加速发展期。大数据、云计算、人工智能、5G、物联网、区块链等新科技的繁荣发展，以及信息、科学、管理等多学科、多行业发展成果的融合，极大地促进了煤矿安全高效发展内涵的丰富与外延的迭代升级。安全工程专业呈现出综合性、实践性、多变性、大交叉、高融合的特点，与新工科建设要求高度契合，是应重点建设、大力发展的专业。

安全工程专业人才的培养是确保安全科学与技术蓬勃发展的重要基础，而培养与现代科学技术发展相适应且满足社会需求的安全科技人才，是安全工程专业高等教育的核心问题。当前，新工科政策不断优化，培养符合新工科建设需求，适应新技术、新业态、新模式、新产业需求的应用型安全工程专业人才极为迫切。因此，在充分吸收相关教材、标准和文献资料的基础上，作者编写了这本适应安全工程专业（矿山安全方向）实践教学的新教材。

本书内容丰富、覆盖面广、层次清晰，紧密衔接实际生产应用，注重基础性、专业性，强化综合实训能力，突出一体化、分阶段、多层次的实践教学特色，与新时代安全工程专业人才培养及课程教学的新发展理念相吻合。此外，地方应用型高校应以基本理论知识和较深厚的行业生产技能为出发点培养学生的就业创业能力，而就业创业能力的培养首先应立足就业能力的培养，使学生在行业企业具备基本的操作能力；其次，学生在就业岗位上不断熟悉和掌握行业相关生产技术后，不断实践和融通，以进行技术创新或革新，在条件成熟时，再进行有目标、有针对性地创业。通过校内、校外实践平台相结合的方式，提升应用型人才的可持续发展能力。

全书共5章，杨峰峰编写了第1~3章、第4.3节和第4.4节；王斯扬编写了第4.1节和第4.2节；张光生编写了第5.1节；杨日丽编写了第5.2~5.4节。全书由杨峰峰统稿。

本书在编写过程中参考、引用了有关文献资料及案例，对相关作者表示最诚挚的谢意。本书内容涉及的有关研究得到了陇东学院基金、甘肃省高校大学生就业创业能力提升工程项目——"校企融合背景下的应用型大学工科专业就业创业综合技能提升研究"、甘肃省高等学校创新基金项目——"基于时间序列的瓦斯涌出预测及异常行为精准防控体系研究"（2021B-278）的资助，在此一并表示感谢。

由于作者水平所限，书中不妥之处，恳请广大读者批评指正。

作　者

2022 年 2 月

目　　录

1 应急救援实训

1.1 自救器操作实训

1.1.1 实训目的

通过实训掌握自救器的工作原理，熟悉操作方法及步骤。

1.1.2 自救器概述

自救器是一种体积小、携带轻便，供矿工个体自救使用的呼吸保护仪器，作用时间较短。主要用途是矿工在井下工作遇到火灾、瓦斯与煤尘爆炸、煤与瓦斯突出等灾害事故时，佩戴它可以实施自救，从而迅速撤离灾区。

自救器按作用原理可分为过滤式自救器和隔离式自救器两类，隔离式自救器又分为化学氧自救器和压缩氧自救器两种。下面介绍常用的两种自救器。

1.1.2.1 化学氧隔离式自救器

化学氧隔离式自救器是一种自生氧闭路呼吸系统的自救装置，佩戴者的呼吸气路与外界空气完全隔离。

国产化学氧隔离式自救器主要有 AZG 系列、ZH 系列和 OSR 系列等。

A 结构

化学氧隔离式自救器由保护套、上外壳、后锁口带、封印条、前锁口带、下外壳、腰带板及呼吸保护器等组成。如图 1-1 所示。

呼吸保护器是核心部分，由鼻夹、头带、口具、降温网、生氧罐、生氧剂、过滤装置、气囊、排气阀等组成。

B 自救器工作原理

化学氧自救器使用时，佩戴者呼出气体经口具、降温网、口水挡板、上过滤装置，进入装有生氧剂 NaO_2 或 KO_2 药罐内；呼出气体中的二氧化碳及水气和生氧剂发生化学反应，呼出气体中的水气和二氧化碳被吸收，同时生成含氧量较高的气体进入气囊。

吸气时，储存在气囊中的气体经生氧剂、药罐体、上过滤装置、口水挡板、降温网、口具，被吸入人体肺部，完成一次呼吸循环，并如此往复循环进行。

C 使用操作方法

操作方法如图 1-2 所示。

(1) 扯掉橡胶保护套。

(2) 扳起扳手，拉断封印条；拉开封口带，揭开上外壳扔掉。

(3) 一手托住自救器，另一手抓住头带，取出保护器。

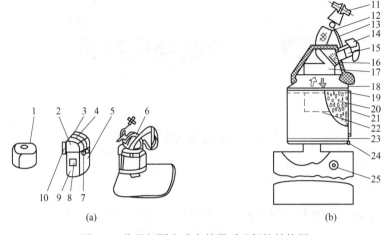

图 1-1　化学氧隔离式自救器呼吸保护结构图

（a）外部结构；（b）呼吸保护器结构

1—保护套；2—上外壳；3—前锁口带；4—封印条；5—使用注意牌；6—呼吸保护器；7—后封口带；8—铭牌；
9—下外壳；10—皮带穿环；11—鼻夹；12—头带；13—鼻夹绳；14—口具；15—口具塞；16—降温网；
17—口水挡板；18—生氧罐；19—上过滤装置；20—生氧剂；21—隔热底座；22—快速启动筒；
23—下过滤装置；24—气囊；25—排气阀

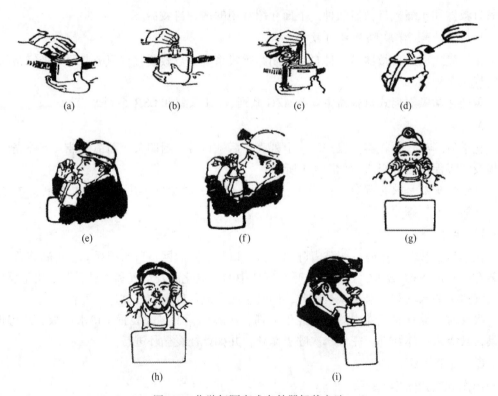

图 1-2　化学氧隔离式自救器佩戴方法

（a）扯掉橡胶保护套；（b）扳起红色扳手；（c）取出呼吸保护器；（d）拔出口具塞；
（e）咬口具；（f）大口呼气；（g）上鼻夹；（h）戴好头套；（i）戴好矿工帽

（4）一手握住自救器呼吸保护器，另一手拔出口具塞后拉起鼻夹，将口具放在唇齿之间咬住牙垫，大口呼气使气囊鼓气。

（5）用鼻夹垫夹住鼻子，开始用口呼吸。

（6）取下矿工帽，戴好头套和矿工帽。

D　注意事项

（1）佩戴撤离灾区感到吸气不足时，应放慢脚步。

（2）佩戴呼吸时，生成气体比吸外界正常大气干热，千万不可摘下自救器。

（3）避灾撤离过程中，戴好口具和鼻夹，绝不允许取下说话。

（4）当发现气囊体积瘪而不胀时，必须采取应急措施。

（5）化学氧隔离式自救器只能不间断地使用一次。

1.1.2.2　压缩氧隔离式自救器

压缩氧隔离式自救器是为防止井下有毒有害气体对人体侵害，利用压缩氧气供人呼吸的一种隔离式呼吸保护器。国产压缩氧隔离式自救器有 ZY-15、ZY-30 和 ZY-45 型等。

A　自救器结构

自救器结构主要由减压器、压力表、氧气瓶、气囊、呼吸导管、口具、手动补给阀、排气阀、净化器等组成，如图 1-3 所示。

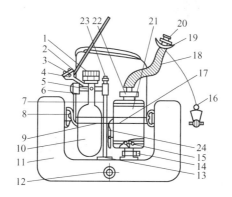

图 1-3　ZY 系列压缩氧隔离式自救器结构图

1—减压器；2—拉环；3—防松环；4—开关手柄；5—丝堵；6—压力表；7—胶管；8—挂钩；9—紧固螺栓；
10—氧气瓶；11—气囊；12—排气阀；13—胶管接头；14—下卡箍；15—盲盖；16—鼻夹；17—紧固袋；
18—呼吸软管；19—口具；20—口具塞；21—清净罐；22—上卡箍；23—手动补给按钮；24—腰钩

B　工作原理

打开氧气瓶开关，高压氧气通过减压器和定量孔以定量供气方式流量进入气囊内。佩戴者吸气时，气囊中气体经净化器过滤 CO_2 后，经呼吸软管、口具吸入肺部。呼气时，呼出气体经呼吸软管、净化器过滤 CO_2 后，送入气囊内。当呼吸耗氧量小、气囊中储气量过足时，气囊膨胀压力增高，排气阀借助气囊内压力自动开启，向外界排除多余气体；呼吸耗氧量大、气囊中储气量不足时，通过手动补给阀快速向气囊注入氧气。

C　使用方法

（1）平时挎在肩膀上携带。

（2）揭开外壳上封口带；打开上盖，抓住氧气瓶，用力向提上盖，氧气瓶开关自动打开。

（3）摘下安全帽，将背带套在脖子上。

（4）拔出口具塞，将口具放入嘴内，用牙齿咬住牙垫；夹好鼻夹后，进行呼吸。

（5）挂好腰钩，迅速撤离灾区。如图 1-4 所示。

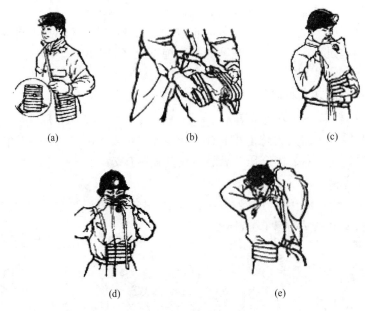

图 1-4　压缩氧隔离式自救器佩戴方法

（a）挎在肩膀上携带；（b）揭开外壳；（c）上口具吹气；（d）上鼻夹；（e）戴好头套

1.2　自动苏生器操作实训

1.2.1　实训目的

掌握自动苏生器的使用条件，熟悉操作方法。

1.2.2　仪器的用途

苏生器是一种自动进行正负压人工呼吸的急救装置，它能把含有氧的新鲜空气自动地输入伤员的肺内，然后又能自动将肺内的气体抽除，并连续工作。本仪器适用于抢救呼吸麻痹或呼吸抑制的伤员，如胸部外伤、一氧化碳（或其他有毒气体）中毒、溺水、触电等造成的呼吸抑制或窒息。

1.2.3　仪器的结构及工作原理

自动苏生器主要由氧气瓶、引射器、吸痰器、减压器、压力表、配气阀、自动阀、自主呼吸阀、面罩等主要部件构成，ASZ-30 型自动苏生器的工作原理，如图 1-5 所示。

氧气瓶 1 的高压氧气经氧气管 2、压力表 3，再经减压器 4 将压力减至 0.5MPa，然后

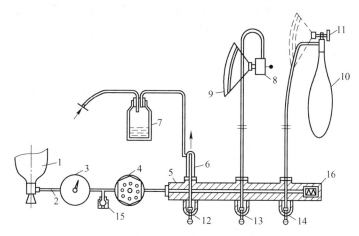

图1-5 自动苏生器工作原理示意图

1—氧气瓶；2—氧气管；3—压力表；4—减压器；5—配气阀；6—引射器；7—吸引瓶；
8—自动肺；9—面罩；10—储气囊；11—呼吸阀；12, 13, 14—开关；15—逆止阀；16—安全阀

进入配气阀5。在配气阀5上有3个气路开关，即12、13、14。开关12通过引射器6和导管相连，其功能是在苏生前，借引射器造成高气流，先将伤员口中的泥、黏液、水等污物抽到吸引瓶7内。开关13利用导气管和自动肺8连接，自动肺通过其中的引射器喷出氧气时吸入外界一定量的空气，两者混合后经过面罩9压入伤员的肺内，然后，引射器又自动操纵阀门，将肺部气体抽出，呈现着自动进行人工呼吸的动作。当伤员恢复自主呼吸能力之后，可停止自动人工呼吸而改为自主呼吸下的供氧，即将面罩9通过呼吸阀11与储气囊10相接，储气囊通过导气管和开关14连接。储气囊10中的氧气经呼吸阀供给伤员呼吸用，呼出的气体由呼吸阀排出。

为了保证苏生抢救工作不致中断，应在氧气瓶内氧气压力接近3MPa时，改用备用氧气瓶或工业用大氧气瓶供氧，备用氧气瓶使用两端带有螺旋的导管接到逆止阀15上。此外，在配气阀上还备有安全阀16，它能在减压后氧气压力超过规定数值时排出一部分氧气，以降低压力，使苏生工作可靠地进行。

1.2.4 自动苏生器主要技术参数

（1）氧气瓶工作压力为20MPa，容积为1L。

（2）自动肺换气量调整范围为12~25 L/min；充气压力为1960~2450Pa；抽气负压为−1960~−1470Pa；耗氧6L/min时的最小换气量为15L/min。

（3）自主呼吸供气量不小于15L/min。

（4）吸痰最大负压值不小于−4410Pa。

（5）仪器净重不大于6.5kg。

（6）仪器体积为335mm×245mm×140mm。

1.2.5 操作方法

（1）安置伤员。首先将伤员安放在新鲜空气处，解开紧身上衣或脱掉湿衣，适当覆

盖，保持体温。为使头尽量后仰，须将肩部垫高 100～150mm，使面部转向任一侧，以便使呼吸道畅通，如图 1-6（a）所示。若是溺水者，应先将伤员俯卧，轻压背部，让水从气管和胃中倾出，如图 1-6（b）所示。

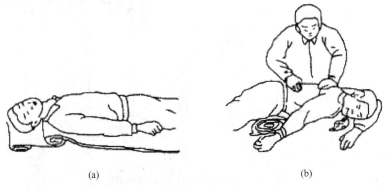

(a)　　　　　　　　　　　　　　(b)

图 1-6　伤员的安置方法

（2）清理口腔。先将开口器从伤员嘴角处插入前臼齿间，将口启开，如图 1-7（a）所示。用拉舌器将舌头拉出，如图 1-7（b）所示。然后用药布裹住手指，将口腔中的分泌物和异物清理掉。

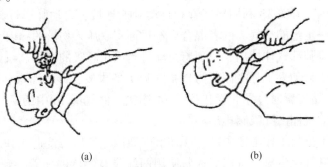

(a)　　　　　　　　　　　　　　(b)

图 1-7　伤员的口腔清理方法

（3）清理喉腔。从鼻腔插入吸引管，打开气路，将吸引管往复移动，污物、黏液及水等异物被吸到吸引瓶，如图 1-8（a）所示。若瓶内积污过多，可拔掉连接管，半堵引射器喷孔（若全堵时，吸引瓶易爆），积污即可排掉，如图 1-8（b）所示。

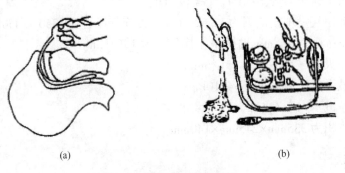

(a)　　　　　　　　　　　　　　(b)

图 1-8　伤员喉腔清理方法

（4）插口咽导气管。根据伤员情况，插入大小适宜的口咽导气管，以防舌头后坠使呼吸梗阻，插好后，将舌头送回，防止伤员痉挛咬伤舌头。

上述苏生前的准备工作必须分秒必争，尽早开始人工呼吸。这个阶段的工作步骤是否全做，应根据伤员具体情况而定，但以呼吸道畅通为原则。

（5）人工呼吸。将自动肺与导气管、面罩连接，打开气路，听到"飒……"的气流声音，将面罩紧压在伤员面部，自动肺便自动地交替进行充气与抽气，自动肺上的杠杆即有节律地上下跳动。与此同时，用手指轻压伤员喉头中部的环状软骨，借以闭塞食道，防止气体充入胃内，导致人工呼吸失败，如图1-9（a）所示。若人工呼吸正常，则伤员胸部有明显起伏动作。此时可停止压喉，用头带将面罩固定，如图1-9（b）所示。

当自动肺不自动工作时，是面罩不严密、漏气所致；当自动肺动作过快，并发出疾速的"喋喋"声，是呼吸道不畅通引起的，此时若已插入了口咽导气管，可将伤员下颌骨托起，使下牙床移至上牙床前，以利呼吸道畅通，如图1-9（c）所示。若仍无效，应马上重新清理呼吸道，切勿耽误时间。对腐蚀性气体中毒的伤员，不能进行人工呼吸，只准吸入氧气。对触电伤员必须及时进行人工呼吸，在苏生器未到之前，应进行口对口人工呼吸。

（6）调整呼吸频率。调整减压器和配气阀旋钮，使成年人呼吸频率达到12~16次/min。

当人工呼吸正常进行时，必须耐心等待，除确显死亡征象（出现尸斑）外，不可过早中断。实践证明，曾有苏生达数小时之后才奏效的。当苏生奏效后，伤员出现自主呼吸时，自动肺会出现瞬时紊乱动作，这时可将呼吸频率稍调慢点。随着上述现象重复出现，呼吸频率可渐次减慢，直至8次/min以下。当自动肺仍频繁出现无节律动作，则说明伤员自主呼吸已基本恢复，便可改用氧吸入。

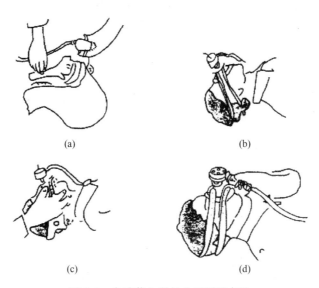

(a)　　　　　　　　(b)

(c)　　　　　　　　(d)

图1-9　自动苏生器的人工呼吸方法

（7）氧吸入。呼吸阀与导气管、储气囊连接，打开气路后接在面罩上，调节气量，使储气囊不经常膨胀，也不经常空瘪，如图1-9（d）所示。氧含量调节环一般应调在

80%，对一氧化碳中毒的伤员应调在 100%。吸氧不要过早终止，以免伤员站起来后导致昏厥。氧吸入时应取出口咽导气管，面罩要松缚。

当人工呼吸正常进行后，必须将备用氧气瓶及时接在自动苏生器上，氧气即可直接输入。

1.2.6　日常检查及维护

1.2.6.1　日常检验项目
为了确保自动苏生器处于良好的工作状态，平时要有专人负责维护，其项目有：
（1）工具、附件及备用零件齐全完好；
（2）氧气瓶的氧气压力不低于 18MPa；
（3）各接头气密性好，各种旋钮调整灵活；
（4）自动肺、吸引装置以及自主呼吸阀工作正常；
（5）扣锁及背带安全可靠。

1.2.6.2　自动肺的检验
自动肺是自动苏生器的心脏，其主要检验项目如下。
（1）换气量检验。调整减压器供气量，使校验囊动作为 12~16 次/min。
（2）正负压校验。充气正压值应为 1960~2450Pa；抽气负压值应为 1470~1960Pa。进行这项校验须用专门装置，但也可用简易装置进行，如图 1-10 所示。

1.2.6.3　正负压的调整
自动换气量调整，主要是通过充气和抽气时的正负压来决定的。压力大时，则换气量大；压力小时，则换气量小。只要充气正压在 2000~2500Pa、抽气负压在 1500~2000Pa 之间，换气量则在 12~25 L/min。

而正负压调整是通过自动肺的"调整弹簧"和"调整垫圈"来实现的，如图 1-11 所示。调松"调整弹簧"，则正压变小；反之，则正压变大。增厚"调整垫圈"，则正压变大、负压变小；减薄"调整垫圈"，则效果相反。

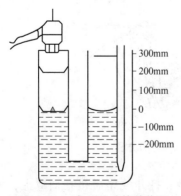

图 1-10　正负压校验简单装置

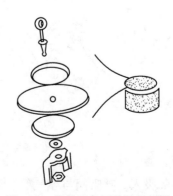

图 1-11　调整正负压的调整垫圈

1.3 氧气呼吸器操作实训

1.3.1 实训目的

（1）掌握正压氧气呼吸器的工作原理。
（2）掌握正压氧气呼吸器的操作方法。

1.3.2 工作原理

正压氧气呼吸器，就是依靠其减压供气特性使佩戴者在呼吸时，其呼吸系统内的气体压力始终大于外界工作空间大气压力的氧气呼吸器。目前，国内外矿山救护队使用的正压氧气呼吸器有呼吸舱式和气囊式两大类。

1.3.3 舱式正压氧呼吸器

以 HYZ4 型呼吸舱式正压氧呼吸器为例介绍。

1.3.3.1 结构

呼吸舱型正压氧气呼吸器结构如图 1-12 所示。

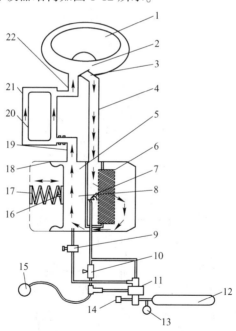

图 1-12 HYZ4 型正压氧气呼吸器结构

1—面罩；2—吸气阀；3—呼气阀；4—呼气软管；5—呼吸舱；6—清净罐；7—定量供氧装置；8—自动补给阀；
9—手动补给阀；10—警报器；11—减压器；12—氧气瓶；13—气瓶压力表；14—气瓶开关；15—肩挂压力表；
16—排气阀；17—加载弹簧；18—膜片；19—连接软管；20—冷却芯；21—冷却罐；22—吸气软管

1.3.3.2 工作原理

打开氧气瓶，高压氧气通过减压器减压变为中压气体，中压气体一路通过需求阀，另一路通过定量供应阀进入低压系统内，当人体处于中等劳动强度时，通过定量供氧来满足人体对氧气的需求。随着人体劳动强度的增大，气舱胶膜在正压弹簧的作用下随之上升，当呼吸舱内压力达到需求阀开启压力时，排气阀后盖接触需求阀顶杆，使需求阀开启，中压气体通过需求阀向呼吸舱内充氧以满足人体对氧气的需求。系统内的正压形成，是依靠弹簧及承板顶起气舱胶膜及需求阀的有效供氧，使呼吸系统始终保持正压。

吸气时呼吸舱内的低压气体通过清净罐、冷却罐、吸气管、吸气阀到面具，人呼气时从面具呼出的气体通过呼气阀、呼气管、进入呼吸舱内，当呼出的气体逐渐增多时，正压弹簧被压缩，同时承压位置逐渐下降。当呼吸系统内压力达到 $400\sim700Pa$ 时，排气阀被顶开。此时，排气阀开始排气；当人的呼吸量从 $10\sim50L/min$ 的范围变化时，呼吸压力始终由需求阀、排气阀及正压弹簧自动调节。

1.3.3.3　技术参数

额定防护时间：4h；额定工作压力：20MPa；储氧量：600L；质量：15kg；外形尺寸：560mm×405mm×170mm；定量供氧：（1.5±0.1）L/min；自补开启压力：50~170 Pa；排气阀开启压力：400~700Pa。

1.3.4　气囊式正压氧气呼吸器

1.3.4.1　结构

HYZ4 型正压氧气呼吸器（气囊式）结构如图 1-13 所示。

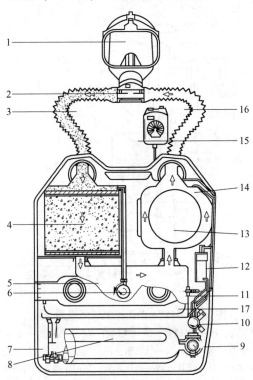

图 1-13　HYZ4 型正压氧气呼吸器（囊式）结构

1—面罩；2—呼吸接头；3—呼吸软管；4—清净罐；5—气囊；6—排气阀；7—排水阀；8—氧气瓶；
9—瓶阀；10—减压器；11—自动补给阀；12—模拟窗主机；13—降温器；14—定量供氧；
15—模拟窗显示器；16—呼吸软管；17—压力传感器

1.3.4.2　工作原理

打开氧气瓶开关，高压氧气经减压器后，以稳定流量进入面罩，供佩戴者呼吸使用。佩戴时通过面罩与头部的呼吸连接而与外界隔绝。呼气时，呼出的气体经呼吸接头内的呼气阀、呼气软管而进入装有 CO_2 吸收剂的清净罐内，呼出气体中的 CO_2 气体被吸收剂吸收后，其余气体进入气囊，气囊内的气体与减压器定量供出的氧气在降温器的出口处混合。呼气时，由于吸气阀关闭，此时呼出的气体只能进入装有 CO_2 吸收剂的清净罐内。吸气时，吸气阀开启，呼气阀关闭，气囊中的气体以及定量供给的氧气经降温器、吸气软管、吸气阀、面罩进入人体肺部，从而完成整个呼吸循环。

1.3.4.3　技术参数

额定防护时间：4h；额定工作压力：20MPa；储氧量：500L；质量：10kg；外形尺寸：550mm×420mm×170mm；定量供氧：1.4～1.6L/min；自补开启压力：50～100Pa；排气阀开启压力：400～700Pa。

1.3.5　操作步骤

（1）佩戴前的准备工作。

1）目镜的防雾措施。在面具的目镜内侧喷涂与产品配套的防雾液，然后利用柔软的纱布或面巾纸擦匀，等稍稍晾干，确认吹气不会产生雾状积水后佩戴。

2）将冰块装入冷却罐。

第一步，将呼吸器本体向上放置，取下冷却罐盖。

第二步，由冰盒中取出冰块，放入冷却罐内。若冰块被冻于冰盒中，可以用水冲洗冰盒外部，待冰盒稍稍溶解后取出。

第三步，将冷却罐盖逆原拆卸方法安装复原。

（2）佩戴程序及方法。

1）呼吸器本体的佩戴。

第一步，将呼吸器本体的背带面朝上，呼吸管侧靠近胸前。

第二步，将背带分到双手两侧，再将双手搭在呼吸器本体的两侧。

第三步，将呼吸器本体举过头顶，然后放置于背部，背带落在肩部。

第四步，将左右两侧肋部绑带同时向下拉，使呼吸器本体固定于背部。

第五步，连接胸前绑带，根据体型调节长度。

第六步，连接腰前绑带，根据体型调节长度。

2）面具的连接。

第一步，取下口具盖，并放入适当位置以防丢失。

第二步，将口具接口正确插入面具接口内，并与接口内卡簧将其卡紧。

第三步，确认其完好坚固不会滑落。

第四步，将面具的吊带固定于脸颊部。

3）面具的佩戴。

第一步，用双手张开面具的固定绑带，由下颚部开始佩戴面具，此时需注意防止头发被卡住。

第二步，左手握住面具下部，右手扣紧面具的右下部。

第三步，换手（右手握住）面具下部，左手扣紧面具左手部。

第四步，用双手依次固定左右中内部位和头顶部，并注意面具与脸面之间应无夹发现象。

4）氧气瓶开关的打开。

将高压氧气瓶的气瓶开关手柄沿反时针方向缓慢旋转至全开状态。

5）面具的气密性确认。

第一步，用力捏紧吸气管和呼气管，随后轻轻吸气，确认面具被吸附于面部后停止吸气，保持该状态 5s 后，左右晃动头部，确认能否保持吸附状态。若无法保持吸附状态，请重新佩戴面具，再次进行气密性检查。

第二步，将手从吸气管和呼气管放开，开始呼吸。

6）呼吸感的确认。

轻微及用力进行呼吸，确认是否有呼吸不畅或呼吸器发出异常声响的现象。能够顺畅地呼吸且无异常声响则可断定为呼吸良好。用力进行呼吸时，由于需求阀动作产生释放氧气的声响，属于正常现象。

7）氧气压力的确认。

观察压力表，确认压力必须达到 18~20MPa。

8）佩戴过程中的注意事项。

①常注意观察压力表的数值，掌握撤出方向。

②在灾区严禁取下面具，严禁关闭气瓶开关。

③余压报警发出警报音，立即撤离至安全场所。

④感到身体不适时（头晕、呕吐感、乏力、发热），立即撤离至安全场所。

在以下情况下，应使用手动补给阀。

①连续进行强烈呼吸，在呼吸过程中需求阀不动作时。

②吸入气体过热，感觉无法忍受时。

③呼吸变得困难，眼睛感觉有刺激感，有异味，此时在使用手动补给阀的同时，立即撤离至安全场所。

④根据使用时间，应按动排水阀按钮以排出气囊中的水分（适用于气囊式）。

9）佩戴后的脱卸。

第一步，将气瓶开关的手柄沿着顺时针方向旋转至底关闭气瓶。

第二步，松动面具的固定绑带，取下面具。

第三步，松开腰部绑带和胸部绑带后，脱下绑带。再松开位于左右肋部绑带上的夹子，取下肩部背带。

第四步，用左手握住面具下部绕开头部，用右手抓住右肋部绑带，由背部卸下呼吸器。

第五步，请将呼吸器上壳向下放置，勿将面具、压力显示器、呼吸管压在下方。

第六步，脱卸后先将吸气冷却装置中的冰水排尽，安装口具盖，然后按照要求进行保养操作。

1.4 心肺复苏与呼吸仿真实训

1.4.1 实训目的

（1）掌握心脏骤停的临床表现及心肺复苏技术的操作步骤。

（2）掌握人工呼吸方法、原理及操作步骤。

1.4.2 实训仪器

高级全自动电脑心肺复苏模拟人及辅助仪器如图 1-14 所示。

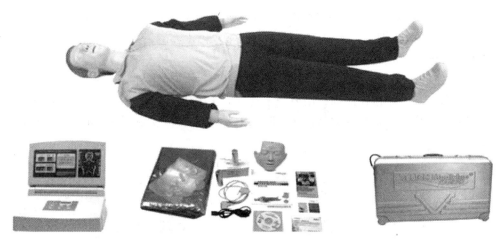

图 1-14 高级全自动电脑心肺复苏模拟人及辅助仪器

1.4.3 实训原理

对于任何原因引起的心搏呼吸骤停，及时有效地采取措施对患者进行抢救治疗，使循环和呼吸恢复，这些措施称心肺复苏。

心搏呼吸骤停在医学上称为"猝死"（如心脏疾病、触电、溺水、中毒、矿难、高空作业、交通事故、自然灾害、意外事故等所造成的心脏骤停）。人的脑细胞对于缺氧十分敏感，一般在血液循环停止后 4~6min，大脑即发生严重损害，甚至不能恢复，因此必须争分夺秒，积极抢救。

心脏骤停的严重后果以 s 计算：10s——意识丧失，突然倒地；30s——全身抽搐；60s——自主呼吸逐渐停止；3min——开始出现脑水肿；6min——开始出现脑细胞死亡；8min——脑死亡—"植物状态"。

为使病人得救，避免脑细胞死亡，以便于心搏呼吸恢复后，意识也能恢复，就必须在心搏停止后，立即进行有效的心肺复苏术（cardio-pulmonary resuscitation，国际代称 CPR），复苏开始越早，存活率越高。大量实践表明，4min 内进行复苏者可能有一半人被救活；4~6min 开始进行复苏者，10% 可以救活；超过 6min 者，存活率仅为 4%，10min 以上开始进行复苏者，存活可能性更小。

在生活中，健康人如果心脏骤停，必须采取胸外按压、气道放开、人工口鼻呼吸、心内注射等抢救过程，使病人最短时间内得救。在抢救过程中胸外按压位置和按压强度是否正确，人工呼吸吹入的吹气量是否足够，规范动作是否正确，是抢救病人是否成功的关键。因此，在系列抢救过程中，必须要掌握心肺复苏技术。模拟胸外按压、人工呼吸、心内注射、颈动脉模拟搏动、瞳孔由一只散大与一只缩小的比较认识，达到掌握操作训练心肺复苏术的基本要求。

当病人发生心搏呼吸骤停时，其开展的抢救顺序依次为：

胸外心脏按压→开放气道→人工呼吸。

1.4.4　实训方法

（1）判断与呼救。发现昏迷倒地的病人后，轻摇病人的肩部并高声喊叫："喂，你怎么了？"若无反应，立即掐压人中、合谷5s，若病人仍未苏醒，立即向周围呼救并打急救电话120。判断如图1-15所示。

（2）判定心跳。脉搏检查一直是判定心脏是否跳动的金标准。判定心跳方法为：患者仰头，急救人员一手按住前额，用另一手的食、中手指找到气管，两指下滑到气管与颈侧肌肉之间的沟内即可触及颈动脉，评价时间不要超过10s。判断位置如图1-16所示。

 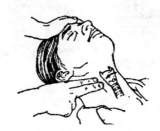

图 1-15　意识判断　　　　　　　　图 1-16　判断心跳

若患者无反应、呼吸和循环，或呼吸心跳均已停止（非专业急救者如不能确定，可立即实施胸外心脏按压）。应立即按照30∶2的比例进行胸外按压和人工呼吸。按压频率成人至少100次/min，吹气频率10~12次/min（每5~6s一次人工呼吸）。

1.4.4.1　胸外心脏按压

胸外按压法，是一种抢救心跳已经停止的伤员的有效方法。如果发现伤员已经停止呼吸，同时心跳也不规则或已停止，就要立即进行心脏按压。绝对不能为了反复寻找原因或惊慌失措而耽误时间。具体操作方法如下：

（1）患者体位。患者仰卧于硬板床或地上，如为软床，身下应放一木板，以保证按压有效，但不要为了找木板而延误抢救时间。

抢救者应紧靠患者胸部一侧，为保证按压时力量垂直作用于胸骨，抢救者可根据患者所处位置的高低采用跪式或用脚凳等不同体位。如图1-17所示。

（2）按压部位。正确的按压部位是胸骨中、下1/3处，如图1-18所示。

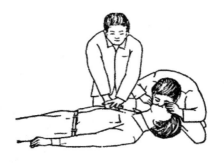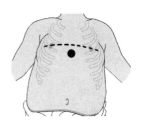

图 1-17 胸外心脏按压患者体位及抢救者所处姿势　　　　　图 1-18 按压部位

定位方法：抢救者食指和中指沿肋弓向中间滑移至两侧肋弓交点处，即胸骨下切迹，然后将食指和中指横放在胸骨下切迹的上方，将一只手的手掌根贴在胸骨下部（胸骨下切迹上两横指），另一手掌叠放在这一只手的手背上，十指相扣，手指翘起脱离胸壁。

快速定位方法：双乳连线法，如图 1-19 所示。

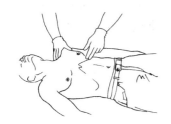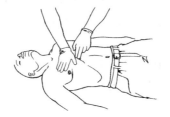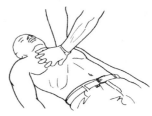

图 1-19 双乳连线快速定位方法

（3）按压手势。按压在胸骨上的手不动，将定位的手抬起，用掌根重叠放在另一手的掌背上，手指交叉扣抓住下面手的手掌，下面手的手指伸直，手指指尖弯曲向上离开胸壁，这样只使掌根紧压在胸骨上。如图 1-20 所示。

（4）按压姿势。抢救者双臂伸直，肘关节固定不能弯曲，双肩部位于病人胸部正上方，垂直下压胸骨，如图 1-21 所示。按压时肘部弯曲或两手掌交叉放置均是错误的。

（5）按压频率。应平稳有规律，成人至少 100 次/min，按压与放松间隔比为 50% 时，可产生有效的脑和冠状动脉灌注压。

每次按压后，放松使胸骨恢复到按压前的位置，血液在此期间可回流到胸腔，放松时双手不要离开胸壁。

（6）按压幅度。成人应使胸骨下陷至少 5cm，不能冲击式猛压，用力太大造成肋骨骨折，用力太小达不到有效作用。

（7）按压方式。垂直下压，不能左右摇摆，下压时间与向上放松时间相等，下压至最低点应有明显停顿。放松时手掌根部不要离开胸骨按压区皮肤，但应尽量松，勿使胸骨不受任何压力。

（8）放开气道。患者无反应或无意识时，其肌张力下降，舌体和会厌可能把咽喉部阻塞，舌是造成呼吸道阻塞最常见原因。如若口中有异物，应及时清除患者口中异物和呕吐物，用指套或指缠纱布清除口腔中的液体分泌物。

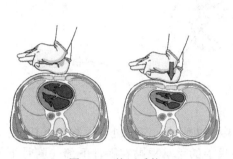

图 1-20　按压手势

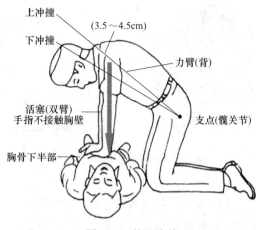

上冲撞

下冲撞

(3.5～4.5cm)

力臂(背)

活塞(双臂)
手指不接触胸壁

支点(髋关节)

胸骨下半部

图 1-21　按压姿势

1) 仰头抬颈法：抢救者跪于患者头部的一侧，一手放在患者的颈后将颈部托起，另一手置于前额，压住前额使头后仰，其程度要求下颌角与耳垂边线和地面垂直，动作要轻，用力过猛可能损伤颈椎。如图 1-22 所示。

2) 仰头抬颈法：把一只手放在患者前额，用手掌把额头用力向后推，使头部向后仰，另一只手的手指放在下颏骨处，向上抬颏。如图 1-23 所示。

图 1-22　仰头抬颈法

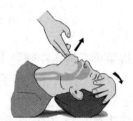

图 1-23　仰头抬颏法

勿用力压迫下颌部软组织，否则有可能造成气道梗阻，避免用拇指抬下颌。

(9) 胸外心脏按压注意事项。在抢救中要随时注意按压效果，判断指标是：

1) 可触及大动脉的搏动，血压维持在 60mmHg（1mmHg＝1.33×10²Pa）以上；

2) 颜色、口唇及皮肤色泽转为红润；

3) 瞳孔由大转小，角膜湿润；

4) 自主呼吸逐渐恢复。

病员有下列情况之一者不能做心脏按压：

1) 胸廓骨折、胸部有效弹性消失者；

2) 有严重胸廓畸形者；

3) 心包填塞者；

4) 已开胸病人。

1.4.4.2 口对口人工呼吸法

A 实训步骤

人工呼吸的方法很多，以口对口人工呼吸法最好，因此，对循环呼吸骤停进行呼吸复苏时，应作为首选。该法操作简单有效，它不仅能迅速提高肺泡内气压，提供较多的潮气量（每次 500~1000mL），而且还可以根据施术者的感觉，识别通气情况及呼吸道有无阻塞。该法还便于与心脏按压术同时进行，多用于抢救触电者。其操作步骤如下：

（1）把伤员抬到新鲜风流中支架完好的安全地点后，要以最快的速度和极短的时间检查一下伤员的瞳孔有无对光反射。摸摸有无脉搏跳动，听听有无心跳。用棉絮放在受伤者的鼻孔处观察有无呼吸，按一下指甲有无血液循环，同时还要检查有无外伤和骨折。

（2）使伤员仰卧，肩下垫一软枕或衣物，头尽量后仰，鼻孔朝天，解开腰带、领扣和衣服（必要时可用剪刀剪开，不可强撕扯），并立即用毛毯盖好。

（3）撬开伤员的嘴，清除口腔内的脏东西。如果舌头后缩，应拉出舌头，以防堵塞喉咙，妨碍呼吸。

（4）将病人置于仰卧位、身体平直无卷曲，抢救者跪于病人一侧，一手托起病人下颌尽量使其头后仰，打开呼吸道。

（5）用托下颌的大拇指张开病人的口，以利吹气，如图 1-24 所示。

（6）用一两层纱布或手绢覆盖在病人的嘴上，并用另一只空着的手捏紧病人的鼻孔，以免漏气。

（7）抢救者将口紧贴于病人口上用力吹气，直至病人胸廓扩张为止。吹气时间 1s 以上，气量以 1000mL 左右为宜（成人）。

（8）吹气完毕，抢救者的头稍微转向侧面，同时松开捏鼻孔的手，使胸廓及肺弹性回缩。

图 1-24 口对口人工呼吸

（9）如此反复进行，每分钟吹气 10~12 次。

B 人工呼吸注意事项

（1）首先要检查病人口内是否有泥沙、痰、呕吐物、活动假牙等，如有则清理，并解松病人的衣领、内衣、胸罩、裤带等。

（2）吹气应均匀，一次吹气量为 800~1200mL。

（3）吹气时间约占一次呼吸周期的三分之一。

（4）尚存微弱的自主呼吸时，人工呼吸应与自主呼吸同步。

（5）胸廓及肺弹性回缩无力时，可借助手压胸的办法。

（6）张开的口紧紧包绕病人口部，使口鼻均不漏气为宜。

（7）吹气完毕，立即用手感觉病人口、鼻有无气体呼出，以确定人工呼吸是否有效。若无气体呼气，应检查呼吸道是否打开或有无堵塞物，鼻孔是否漏气等。

（8）口对口呼吸常导致胃胀气，可并发胃内容物返流，致误吸或吸入性肺炎。缓慢吹气，减少吹气量及气道压峰值水平，有助于减低食道内压，减少胃胀气的发生。

1.5　止血、包扎、固定、搬运等现场急救实训

1.5.1　实训目的

（1）掌握现场急救的基本知识和急救的重要性。

（2）会进行止血、包扎、固定、搬运的正确操作。

（3）会进行中毒、溺水、触电、烧伤、昏迷和休克等的现场急救。

1.5.2　仪器设备

止血带、三角巾、绷带、钳夹、夹板、木棒、弯盘颈部固定器等。

1.5.3　实训原理、方法和手段

1.5.3.1　止血

A　出血的种类

出血可分为外出血和内出血两种。

（1）外出血。体表可见到。血管破裂后，血液经皮肤损伤处流出体外。

（2）内出血。体表见不到。血液由破裂的血管流入组织、脏器或体腔内。

根据出血的血管种类，还可分为动脉出血、静脉出血及毛细血管出血3种。

（1）动脉出血。血色鲜红，出血呈喷射状，与脉搏节律相同。危险性大。

（2）静脉出血。血色暗红，血流较缓慢，呈持续状，不断流出。危险性较动脉出血小。

（3）毛细血管出血：血色鲜红，血液从整个伤口创面渗出，一般不易找到出血点，常可自动凝固而止血。危险性小。

B　失血的表现

一般情况下，一个成年人失血量在500mL时，可以没有明显的症状。当失血量在800mL以上时，伤者会出现面色、口唇苍白，皮肤出冷汗，手脚冰冷、无力，呼吸急促，脉搏快而微弱等。当出血量达1500mL以上时，会引起大脑供血不足，伤者出现视物模糊、口渴、头晕、神志不清或焦躁不安，甚至出现昏迷症状。

C　外出血的止血方法

a　指压止血法

指压止血法是一种简单有效的临时性止血方法。它根据动脉的走向，在出血伤口的近心端，通过用手指压迫血管，使血管闭合而达到临时止血的目的，然后再选择其他的止血方法。指压止血法适用于头、颈部和四肢的动脉出血。人体主动脉及脑部动脉如图1-25所示。

依出血部位的不同，可分为：头顶部出血，头颈部出血，面部出血，头皮出血；腋窝肩部出血，上臂出血，前臂出血，手掌出血；下肢出血，足部出血。

（1）头顶部出血。用拇指压迫颞浅动脉，如图1-26所示。

（2）头颈部出血。方法是用拇指将伤侧的颈总动脉向后压迫，但不能同时压迫两侧的颈总动脉，否则会造成脑缺血坏死，如图1-27所示。

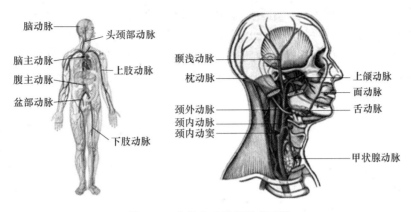

图 1-25 人体主动脉及脑部动脉

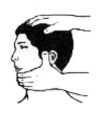

图 1-26 头顶部出血指压点

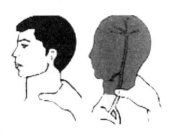

图 1-27 头颈部出血指压点

（3）面部出血。用拇指压迫下颌角处的面动脉，如图 1-28 所示。

（4）头皮出血。头皮前部出血时，压迫耳前下颌关节上方的颞动脉。头皮后部出血则压迫耳后突起下方稍外侧的耳后动脉。如图 1-29、图 1-30 所示，黑色部位为止血区域。

（5）腋窝和肩部出血。锁骨上窝对准第一肋骨用拇指压迫锁骨，如图 1-31 所示。

图 1-28 面部出血指压点

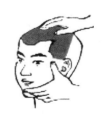

图 1-29 头皮前部出血指压点

图 1-30 头皮后部出血指压点

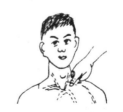

图 1-31 腋窝和肩部出血指压点

（6）上臂出血。患肢抬高，用另一手拇指压迫上臂内侧的肱动脉，如图 1-32 所示。

（7）手掌出血。用两手指分别压迫腕部的尺动脉、桡动脉，如图 1-33 所示。

（8）下肢出血。用两手拇指用力压迫腹股沟中点下方的股动脉，如图 1-34 所示。

（9）足部出血。用两手拇指分别压迫足背母长肌腱外侧的足背动脉和内踝与跟腱之间的胫后动脉，如图 1-35 所示。

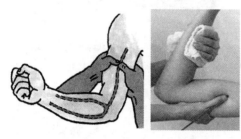 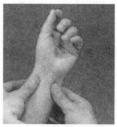 

图 1-32　上臂出血指压点　　　　　　　　图 1-33　手掌出血指压点

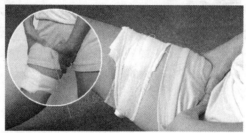

图 1-34　下肢出血指压点

b　加压包扎止血法

加压包扎止血法是急救中最常用的止血方法之一，适用于小动脉、静脉及毛细血管出血。

方法：用消毒纱布或干净的手帕、毛巾、衣物等敷于伤口上，然后用三角巾或绷带加压包扎。压力（松紧度）以能止住血而又不影响伤肢的血液循环为合适，如图 1-36 所示。若伤处有骨折，须另加夹板固定。关节脱位及伤口内有碎骨存在时不用此法。

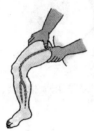 

图 1-35　足部出血指压点　　　　　　　　图 1-36　加压包扎止血法

c　加垫屈肢止血法

加垫屈肢止血法适用于上肢和小腿出血。当前臂或小腿出血，在肘窝或腘窝放纱布垫、棉花团、毛巾或衣服等物，屈曲关节，用三角巾或绷带将屈曲的肢体紧紧缠绑起来。

当上臂出血，在腋窝加垫，使前臂屈曲于胸前，用三角巾或绷带把上臂紧紧固定在胸前。

当大腿出血，在大腿根部加垫，屈曲髋关节和膝关节，用三角巾或长带子将腿紧紧固定在躯干上。

注意事项如下：

（1）有骨折和怀疑骨折或关节损伤的肢体不能用加垫屈肢止血，以免引起骨折端错位和剧痛；

（2）要经常注意肢体远端的血液循环，如血液循环完全被阻断，要每隔 1h 松开一次，观察 3~5min，防止肢体坏死。

d　止血带止血法

当遇到四肢大动脉出血，使用上述方法止血无效时采用止血带止血法。常用的止血带有橡皮带、布条止血带等，不到万不得已时不要采用止血带止血。

操作过程中，用橡皮管或布条缠绕伤口上方肌肉多的部位，其松紧度以摸不到远端动脉的搏动为宜。

（1）橡皮止血带止血法。用长 1m 的橡皮管，先用绷带或布块垫平上止血带的部位，两手将止血带中段适当拉长，绕出血伤口上端肢体 2~3 圈后固定，借助橡皮管的弹性压迫血管而达到止血的目的，如图 1-37 所示。

（2）布条止血带止血法。常用三角巾、布带、毛巾、衣袖等平整地缠绕在加有布垫的肢体上，拉紧或用"木棒、筷子、笔杆"等绞紧固定，如图 1-38 所示。

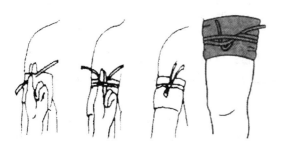 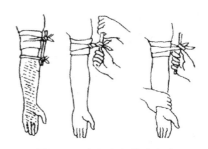

图 1-37　橡皮止血带止血法　　　　图 1-38　布条止血带止血法

注意事项如下：

（1）上止血带时，皮肤与止血带之间不能直接接触，应加垫敷料、布垫或将止血带上在衣裤外面，以免损伤皮肤。

（2）上止血带要松紧适宜，以能止住血为度。扎松了不能止血，扎得过紧容易损伤皮肤、神经、组织，引起肢体坏死。

（3）上止血带时间过长，容易引起肢体坏死。因此，止血带上好后，要记录上止血带的时间，并每隔 40~50min 放松一次，每次放松 1~3min。为防止止血带放松后大量出血，放松期间应在伤口处加压止血。

（4）运送伤者时，上止血带处要有明显标志，不要用衣物等遮盖伤口，以妨碍观察，并用标签注明上止血带的时间和放松止血带的时间。

e　填塞止血法

填塞止血法适用于颈部和臀部较大而深的伤口。先用镊子夹住无菌纱布塞入伤口内，如一块纱布止不住出血，可再加纱布，最后用绷带或三角巾绕颈部至对侧臂根部包扎固定。如图 1-39 所示。

图 1-39　填塞止血法

1.5.3.2　包扎

常用的包扎材料有绷带、三角巾、四头带及其他临时替代用品（如干净的手帕、毛巾、衣物、腰带、领带等）。绷带包扎一般用于支持受伤的肢体和关节，固定敷料或夹板和加压止血等。三角巾包扎主要用于包扎、悬吊受伤肢体，固定敷料，固定骨折等。

包扎目的：保护伤口、帮助止血、固定下敷料、减轻痛苦。

包扎要求：快、准、轻、牢，尽量暴露伤口。

A　环形绷带包扎法

此法是绷带包扎法中最基本的方法，多用于手腕、肢体、胸、腹等部位的包扎。将绷带作环形重叠缠绕，最后用扣针将带尾固定，或将带尾剪成两头打结固定。

注意事项如下：

（1）包扎伤口时，先清洁伤口，再覆盖纱布，然后绷带包扎。

（2）包扎方向自下而上、由左向右，从远心端向近心端包扎，以助静脉血液的回流。绷带固定时结应放在肢体的外侧面，忌在伤口上、骨隆突处或易于受压的部位打结。

（3）包扎时要使病人位置保持舒适。皮肤皱褶处如腋下、乳下、腹股沟等，应用棉垫或纱布衬隔，骨隆突处也用棉垫保护。需要抬高肢体时，应给适当的扶托物。包扎的肢体必须保持功能位置。

（4）包扎时松紧要适宜，过紧会影响局部血液循环，过松易致敷料脱落或移动。使用腹带，胸带要注意呼吸活动度，呼吸音，触觉语颤等，鼓励做深呼吸及咳嗽。保持清洁，及时更换。

（5）包扎肢体时不得遮盖手指或脚趾尖，以便观察血液循环情况。

（6）检查远端脉搏跳动，触摸手脚有否发凉等。

（7）解除绷带时，先解开固定结或取下胶布，然后以两手互相传递松解。紧急时或绷带已被伤口分泌物浸透干涸时，可用剪刀剪开。

B　三角巾包扎法

（1）三角巾全巾。三角巾全幅打开，可用于包扎或悬吊上肢。

（2）三角巾宽带。将三角巾顶角折向底边，然后再对折一次，可用于下肢骨折固定或加固上肢悬吊等。

（3）三角巾窄带。将三角巾宽带再对折一次，可用于足、踝部的"8"字固定等。

常见的三角巾包扎法如图 1-40~图 1-44 所示。

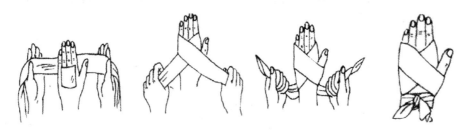

图 1-40 手部三角巾包扎

图 1-41 头部三角巾十字包扎

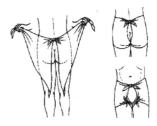

图 1-42 双臀蝴蝶式包扎法

图 1-43 侧胸部三角巾包扎法

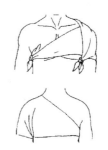

图 1-44 肩部三角巾包扎法

1.5.3.3 固定

固定术是针对骨折的急救措施。

目的：限制受伤部位的活动，减轻疼痛，避免骨折端因移位而损伤血管、神经等；也可防治休克、便于伤员的搬运。

固定范围要包括上下关节。

固定材料：木制夹板、钢丝夹板、充气夹板、负压气垫、塑料夹板、其他材料，如特制的颈部固定器、股骨骨折的托马固定架，紧要时就地取材，如竹棒、木棍、树枝等。

在缺乏外固定材料时也可以进行临时性的自体固定，如将受伤的上肢缚于上身躯干，或将受伤的下肢同健肢缚于一起。就地固定，不要随便移动伤者，不要盲目复位。夹板的长度与宽度要与骨折肢体相适应，长度应超过上下关节，固定范围要包括上下关节，夹板不应直接接触皮肤，可适当加厚垫。固定应松紧适度，（趾）端外露以便观察血液循环。四肢骨折固定，先捆上端，后捆下端。上肢屈着绑（屈肘状），下肢固定要伸直绑。常见有肱骨骨折、肘关节骨折、手指骨折、颈椎骨折和桡尺骨骨折，其固定方法如图1-45~图1-49所示。

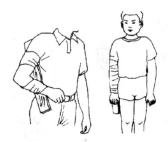  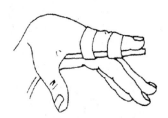

图1-45　肱骨骨折固定法　　　　图1-46　肘关节骨折固定法　　　　图1-47　手指骨骨折固定法

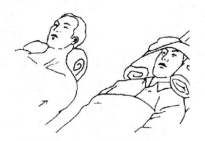 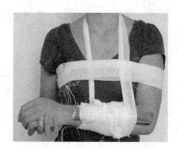

图1-48　颈椎骨折固定法　　　　　　图1-49　桡尺骨骨折固定法

注意事项：先止血、包扎，再固定，有休克先抗休克。开放性骨折，严禁把断骨送回伤口内。

1.5.3.4　搬运

基本原则：及时、迅速、安全地将伤员搬至安全地带，防止再次负伤。

搬运方法：背、夹、拖、抬、架等。徒手搬运法用于伤势较轻且运送距离较近者，担架搬运适用于伤势较重，不宜徒手搬运，且需转运距离较远伤者。常见搬运工具及搬运方法如图1-50~图1-53所示。

（1）双人搭椅。由两个救护人员对立于伤病员两侧，然后两人弯腰，各以一手伸入伤病员大腿下方面而相互十字交叉紧握，另一手彼此交替支持伤病员背部；或者救护人员右手紧握自己的左手手腕，左手紧握另一救护人员的右手手腕，以形成口字形。这两种不同的握手方法，都形成类似于椅状而命名。如图1-54所示。

（2）拉车式。一个救护人员站在伤病员的头部后面，两手从伤病员腋下抬起，将其头背抱在自己怀内，另一救护员蹲在伤病员两腿中间，同时夹住伤病员的两腿面向前，然后两人步调一致慢慢将伤病员抬起。如图1-55所示。

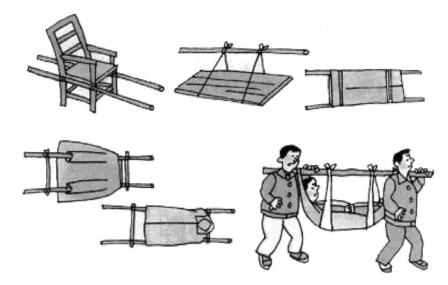

图 1-50　常见搬、抬、运工具及方法（注：脊椎伤不能使用）

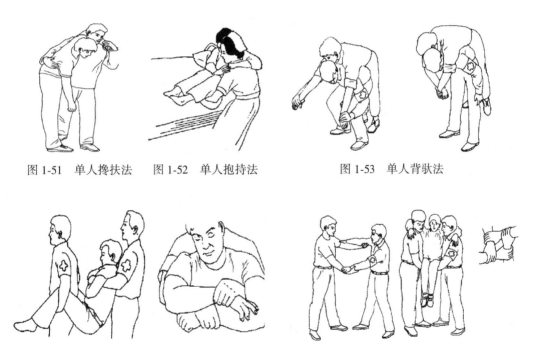

图 1-51　单人搀扶法　　图 1-52　单人抱持法　　　　图 1-53　单人背驮法

图 1-54　双人搭椅运方法　　　　　图 1-55　拉车式搬运方法

注意事项如下：

（1）移动伤者首先应检查头、颈、胸、腹和四肢是否有损伤，如果有损伤，应先做急救处理。要做好途中护理，注意神志、呼吸、脉搏以及病（伤）势的变化。

（2）担架搬运，一般头略高于脚，行进时伤者脚在前，头在后，以便观察伤者病情变化。

（3）用汽车、大车运送时，床位要固定，防止起动、刹车时晃动使伤者再度受伤。

1.5.3.5　有害气体中毒急救

井下有害气体包括一氧化碳、二氧化碳，硫化氢、一氧化氮、二氧化氮、甲烷等。这些有害气体一种或多种混合被人过量吸入均可造成中毒或窒息，其中主要是一氧化碳中毒。空气中一氧化碳浓度过高，人体吸入即可发生中毒。井下空气中一氧化碳浓度超过0.0024%、硫化氢浓度超过0.00066%时，均会造成人员的急慢性中毒。空气中一氧化碳含量达0.02%时，人体吸入2~3h即可发生中毒症状；含量达0.08%时，2h即可昏迷；含量达0.4%时，30min内即可导致死亡。浓度越高，危险越大。

A　中毒原因

多因井下瓦斯、煤尘爆炸，煤层着火，煤和瓦斯突出，老塘透水等放出大量有毒气体；放炮装药过多，炮烟过浓，通风设备不良，使有害气体积聚超标或误入积有大量有害气体的废弃巷道等均可造成一氧化碳及其他有害气体中毒。

B　症状体征

根据中毒程度不同，临床表现可分为轻度、中度、重度中毒。

（1）轻度中毒。其症状有头痛、头晕、脑胀、眼花、耳鸣、恶心、呕吐，全身无力及心跳加快等。硫化氢及炮烟中毒时，还会有呼吸道刺激症状，如咳嗽、流涕、胸闷、双眼灼热、刺痛、流泪怕光等。

（2）中度中毒。一氧化碳中毒时颜面潮红，呈樱桃红色。中度中毒可见出汗，脉搏快而弱，病人烦躁不安，有窒息昏厥感，肌肉无力，下肢尤为明显，呼吸困难，感觉迟钝，嗜睡、痉挛等，但意识尚存。

（3）重度中毒。重度中毒呈中枢性麻痹，意识丧失，呼吸不规则，脉搏快而弱，血压下降，四肢瘫软，反射消失，呈昏迷状态，闪击型可瞬即死亡。

C　抢救要点

当井下一旦发生爆炸、失火、透水等事故时，大都会有大量有毒气体生成。如不注意，就会发生中毒现象，在自救、互救中要做到以下几点。

（1）当感到有刺激性气体，有臭鸡蛋气味或有毒气体中毒症状产生时，除应立即向调度室汇报外，所有人员应立即戴好自救器，迅速将中毒人员抬离现场，撤到通风良好而又比较安全的地方，并就地立即进行抢救。

（2）井下放炮后，炮烟未吹散前最好不要抢先进入工作面，以防炮烟中毒。严禁在无防护措施的情况下，进入或误入没有通风设施的废旧巷道。

（3）对中、重度中毒的工人应立即给予吸氧、保暖。严重窒息者，应在给予吸氧的同时进行人工呼吸。有条件时可予注射呼吸兴奋剂，如可拉明、洛贝林、苯钠咖等。

（4）有因喉头水肿致呼吸道阻塞而窒息者，应速用环甲膜穿刺器行环甲膜穿刺或行气管切开术，以确保呼吸道的通畅。

（5）若呼吸和心跳都停止时，应立即行胸外心脏按压术和口对口人工呼吸术，直至苏醒或救护人员的到来。

（6）昏迷病人可予针灸，针刺人中、内关、合谷等穴位，以促其苏醒。

（7）迅速转送至医院进行综合救治。

1.5.3.6 溺水的急救

在矿井采掘过程中，如果地质资料不详或防水措施不力，有可能将含水层、老窑水或地面水导通，导致透水事故。在透水事故发生后，人员未能及时撤离的情况下，就可能发生人员溺水事故。另外，如果在井下行走不注意，误坠水仓也会导致溺水事故。

A 症状体征

由于窒息，人体缺氧，可能出现发绀、口唇青紫、面部肿胀、双眼充血、口鼻充满泡沫、躯体冰冷、不省人事等症状。

B 抢救要点

（1）立即将溺水者救至安全通风保暖的地点，首先清除口鼻内的异物，确保呼吸道通畅。将救起的患者俯卧于救护者屈曲的膝上，救护者一腿跪下，一腿向前屈膝，使溺水者头向下倒悬，以利于迅速排出肺内和胃内的水，如图1-56所示。同时用手按压其背部做人工呼吸。此法排水较有效，但人工呼吸效果欠佳。

（2）若效果欠佳时，应立即改为俯卧式或口对口人工呼吸，至少要连续做20min不间断，然后再由别人解开衣服检查心音，必要时可给氧和注射呼吸兴奋剂可拉明、洛贝林等，如图1-57所示。抢救要直到出现自主呼吸时才可停止。

图1-56 将溺水者伏在膝上使水吐出同时做人工呼吸

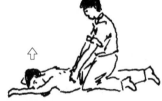

图1-57 俯卧式人工呼吸

（3）心跳停止时，应同时做体外心脏按压术。

（4）呼吸恢复后，可在四肢进行向心按摩，促使血液循环的恢复，神志清醒后，可给热开水喝。

（5）经过抢救后，应立即转运医院进行综合治疗。

1.5.3.7 触电的急救

当身体一部分误触电源或带电物体而成为导体，电流即通过人体而产生电击，就是触电。一般交流电比直流电触电时要危险些。通常直流电的电流强度在200mA，交流电的电流强度70~80mA时，对人体即可造成危险甚至死亡。一般电压越高，作用时间越长，所造成的电击伤越严重。不同的电压致死的原因也不同，低压电流可使心跳停止或心室颤动而不影响呼吸，高压电流则作用于中枢神经系统，先使呼吸停止。两者最后均可导致人的死亡。

A 致伤原因

多因违章和麻痹大意而使身体某一部位误触有电的线路或器具所致。

B　症状体征

严重触电后，可立即失去知觉，心跳和呼吸同时停止。引起心室颤动者，可昏迷，脉搏消失，呼吸最后停止。引起呼吸中枢麻痹者，呼吸先停止，皮肤青紫，但很快心跳也会停止而导致死亡。电击灼伤者，触电局部的皮肤，有不同程度的烧伤，由于肢体急剧的动作，可引起骨折。

C　抢救要点

（1）立即切断电源，或以绝缘物将电源移开，使伤员迅速脱离电源，绝不可盲目以人体或导电物抢救而致使救护者也遭触电危险。

（2）将伤员迅速移至通风安全处，解开衣扣、裤带，检查有无呼吸、心跳。若呼吸、心跳停止时，应立即进行心脏按压和口对口人工呼吸术，以及输氧等抢救措施。

（3）抢救同时可针刺或指掐人中、合谷、内关、十宣等穴，以促其苏醒。

（4）轻型伤员可给予保暖，对烧伤、出血及骨折等症，应给予及时的包扎、止血及骨折固定。

（5）若当时没有人会抢救技术，应立即争取时间迅速进行转运，迎接救护人员到来抢救，千万不可坐等救援贻误抢救时机。

（6）病情稳定后，迅速转运出井至医院进行综合救治。

1.5.3.8　烧伤的急救

50℃以上的温度，如热水、蒸汽、火焰、灼热的金属及腐蚀性化学物质，作用于人体表组织均可引起烧伤。烧伤的程度与热源温度的高低、身体接触的部位、时间的长短和接触面积的大小有关。

A　致伤原因

井下煤尘、瓦斯爆炸，煤层着火及矿灯硫酸泄漏等均可引起烧伤。

B　症状、体征

烧伤根据程度的不同分为三度。

（1）一度烧伤。表皮烧伤、皮肤发红，灼痛，一般几天后即可自愈，不留瘢痕。若面积超过20%，可发生头痛、恶心、呕吐及全身乏力等症状。

（2）二度烧伤。表皮全层和真皮浅层受伤，皮肤出现水泡，局部水肿，疼痛较剧烈，有时表皮脱落，愈合后也可不留瘢痕，这种情况为浅二度烧伤。深二度烧伤已达真皮深层，皮肤灰白，真皮坏死，间有红斑。

（3）三度烧伤。全层皮肤或皮下组织、肌肉，甚至骨骼都被烧伤，局部为黄灰色，干燥、硬韧，不渗液，失去弹性，痛觉消失，甚至形成焦痂，愈后多留有瘢痕。

C　救护要点

（1）首先应使伤员迅速脱离灼热物体及现场，尽快设法以就地滚动、按压、泼水等方法扑灭伤员身上的火，力求尽量缩短烧伤时间。万万不可惊慌、奔跑、叫喊或用手扑打火焰，以免助火燃烧而加重伤势。

（2）立即用冷水直接反复泼烧伤面，若有可能可用冷水浸泡5~10min，彻底清除皮肤上的余热，以减轻伤势和疼痛，少起水泡，降低烧伤面深度。

（3）若形势紧急，穿衣多时，可不急于脱衣，应快速将衣领、袖口、裤腿提起，反复用冷水浇泼，等冷却后再脱去伤员的衣服，用被单或毯子包裹覆盖烧伤面和全身。

（4）若衣服和皮肉粘住时，切勿强行拉扯，可用剪刀剪开粘连周围的衣服，再进行包扎。水泡不要弄破，焦痴亦不可扯掉。烧伤创口不要涂任何药物，只需用敷料覆盖包扎即可。

（5）检查有无并发症，如有呼吸道烧伤、面部五官烧伤、CO 中毒、窒息、骨折、脑震荡、休克等并发症，要及时予以抢救处理。

（6）疼痛剧烈时可给予止痛、镇静剂，必要时可给予静脉输液，有休克时应立即抢救。

（7）呼吸道烧伤出现上呼吸道阻塞时，应及时应用喉环甲膜穿刺器穿刺或行气管切开术，以免因窒息而死亡。

（8）转运要快速，少颠簸，途中应有医护人员照顾，随时注意预防窒息和休克的发生。

1.5.3.9 昏迷的急救

当大脑皮质机能受到严重抑制时，患者的意识、感觉和随意运动完全丧失，不省人事，这种状态称为昏迷。极短暂的丧失知觉和行动能力的状态称为昏厥。

A 昏迷原因

井下发生自然灾害，受惊、恐惧，受伤者剧烈疼痛，严重出血，头部创伤，精神过度紧张，看见受伤创面和血液，血糖过低，CO 中毒，缺氧，触电，溺水等均可引起昏迷。

B 症状体征

发生前可有脸色苍白、出冷汗、恶心、乏力，病人感到心里很难受等症状。

各种原因引起的昏迷，按其严重程度可分为三级：

（1）轻度昏迷。病人意识丧失，对强光或呼喊均无反应，瞳孔缩小，无自主运动，但各种反射（如角膜反射、瞳孔反射、吞咽反射等）存在，疼痛刺激可出现痛苦表情和防御动作，血压、呼吸、体温、脉搏无明显改变。

（2）中度昏迷。对外界各种刺激均无反应，瞳孔缩小或扩大，对光反应迟钝，角膜反射减退，无自主运动，肌肉松弛，强烈的疼痛刺激可有防御反射动作，呼吸与体温有所波动，大小便失禁或潴留。

（3）深度昏迷。瞳孔扩大，对光反射、角膜反射与防御反射皆消失，肌肉松弛，呼吸不规则，血压下降，体温降低，大小便失禁。

C 简易检查

（1）瞳孔对光反射。检查者用矿灯灯光照患者一眼，同时用手挡住鼻中间不让光线照到对方侧眼，观察其两侧瞳孔变化，正常照光一侧瞳孔立即缩小，称直接对光反射。同时对侧瞳孔也缩小，称间接对光反射（因正常对光反射为双侧性）。对光反射消失，可诊断为深度昏迷（如图 1-58 所示）。

（2）睫毛反射。睫毛受到任何轻微刺激，立即出现闭眼动作，这是防御反射一种。昏迷病人如睫毛反射消失，说明已深度昏迷。

（3）角膜反射。将棉花捻成毛笔状，用其末端轻触角膜表面，立即引起双眼眨眼。角膜反射为双侧性的，刺激一眼角膜，即可发生双眼反射性眨眼。角膜反射消失可发生于深度昏迷。

（4）压眶试验。用拇指压迫眶上缘的中内 1/3 交界处（即眶上神经穿出处），如图

1-59所示，昏迷的病人如有皱眉等疼痛表示，说明昏迷不深，如病人无反应，说明已深度昏迷。

图 1-58　瞳孔反光反射　　　　　　　图 1-59　压眶试验

D　抢救要点

（1）立即将伤员撤至安全、通风、保暖的地方，使其平卧，或两头各抬高30℃，以增加血液回心量，改善脑血流量。解松衣扣，清除呼吸道内的异物。可给热水喝。呕吐时头应偏向一侧，以免呕吐物吸入气管肺内。

（2）尽快找出病源，设法祛除病因。针刺或指掐人中、内关、合谷、十宣等穴位，以促其苏醒。

（3）迅速转送至医院进行救治。

1.5.3.10　休克的急救

休克是急性周围血液循环功能衰竭，使维持生命的重要器官得不到足够的血液灌注，全身组织缺氧而产生的综合病征。煤矿井下现场多见外伤性休克，主要由于创伤所造成的大量出血和剧烈的疼痛。

A　休克原因

井下外伤性休克多因创伤使血管破裂，大量血液外流所造成的。如内脏损伤所造成的腹、胸腔、颅内等的内出血，严重挤压所造成的如脊柱、骨盆等的骨折，腹部或睾丸受伤，空腔内脏穿孔，剧烈疼痛、过分恐惧、感情激动等均可引起休克。

B　症状、体征

引起休克的原因虽然多种多样，但其症状体征都有大致相同之处，一般均有如下特征：

（1）伤势严重，有大量外出血，头颅或内脏损伤有内出血，有严重的骨折或烧伤等病源。

（2）休克早期，伤员多有烦躁不安、呻吟无力、皮肤苍白、口唇青紫、手脚冰凉、头出冷汗、继而神志淡漠、反应迟钝等症状。

（3）初期脉搏细速，呼吸浅快，继而血压下降，收缩压降在 8 ~ 12kPa（60 ~ 90mmHg）左右，脉压差缩小，疼痛反应弱，有时还有恶心、呕吐等症状。

（4）由于引起休克的病因不同，同时尚有局部或全身的不同症状，也应引起注意。

C　抢救要点

（1）将伤员迅速撤至安全、通风、保暖的地方，松解病人衣服，让病人平卧或两头均抬高 30°左右，以增加血流的回心量，改善脑部血流量。

（2）清除伤员呼吸道内的异物，确保呼吸道的通畅。

（3）迅速找出休克病因，予以尽力祛除。出血者立即止血，骨折者迅速固定，剧痛者予以止痛剂，呼吸心跳停止者应立即进行心脏按压及口对口人工呼吸。

（4）保持病人温暖，有可能时可让病人喝些热开水，但腹部内脏损伤疑有内出血者不能喝。也可针刺或用手掐人中、合谷、内关、十宣等急救穴位，以促其苏醒。

（5）针对休克的不同病理生理反应及主要病因积极进行抢救，尽量制止原发病的继续恶化。出血性休克应尽快止血、输液、输氧等，不可过早使用升压药物，以免加重出血。

（6）经抢后休克症状消失，伤员清醒，血压、脉律相对稳定时才可运送。运送途中应继续输液、输氧，并时刻注意伤员的呼吸、脉搏、血压的变化。昏迷伤员运送时面部应偏向一侧，以防呕吐物阻塞呼吸道。

（7）在救护人员未到前，应分秒必争，进行简单的救护后，立即迅速安全地将病人转运，不可坐等以丧失抢救机会。

（8）通知地面医院做好抢救准备。转运要保持伤员平稳，勿颠簸，要安全、快速。根据引起休克的病因及受伤部位不同，救护及运送时的注意事项可参阅本书有关部分。

2 煤矿安全常用技术实训

2.1 矿井瓦斯检测仪操作实训

我国煤矿使用的瓦斯检测仪型号较多,主要有光干涉瓦斯检测仪和便携式瓦斯检测仪。前者精度高,测量范围大,但不能连续监测;后者精度低,测量范围有限,但能连续监测。本节主要介绍光干涉瓦斯检测仪。

2.1.1 实训目的

(1) 了解瓦斯检测仪的结构与工作原理。
(2) 掌握瓦斯检测仪的使用方法。
(3) 能熟练检测矿井风流中二氧化碳和甲烷气体的浓度。

2.1.2 光干涉瓦斯检测仪

2.1.2.1 用途

光干涉瓦斯检测仪是应用光波干涉原理,能迅速而准确地测定矿井甲烷、二氧化碳等气体浓度的一种仪器。这种仪器的特点是携带方便,操作简单,安全可靠,且有足够的精度。但由于其采用光学系统,构造复杂,维修不便。仪器测定范围和精度有两种:测量瓦斯浓度0%~10%,精度0.01%;测量瓦斯浓度0%~100%,精度0.1%。这种仪器也广泛应用在其他工业部门的气体浓度测定,如铁矿、油井、仓库、油轮等。

2.1.2.2 结构

光学瓦斯检定器主要由以下部件构成。

(1) 气路系统。由吸气管4、进气管5、水分吸收管6、二氧化碳吸收管11、吸气橡皮球10、气室(包括瓦斯室和空气室)22和毛细管30等组成。其主要部件的作用是:气室用于分别存贮新鲜空气和含有瓦斯或二氧化碳的气体;水分吸收管内装有氯化钙(或硅胶),用于吸收混合气体中的水分,使之不进入瓦斯室,以使测定准确;毛细管,其外端连通大气,其作用是使测定时的空气室内的空气温度和绝对压力与被测地点(或瓦斯室内)的温度和绝对压力相同,同时又使含瓦斯的气体不能进入空气室;二氧化碳吸收管内装有颗粒直径为2~5mm的钠石灰,用于吸收混合气体中的二氧化碳,以便准确地测定瓦斯浓度。

(2) 光路系统。如图2-1所示。

(3) 电路系统。其功能和作用是为光路供给电源。由电池12、灯泡16、光源盖13、光源电门8和微读数电门7组成。

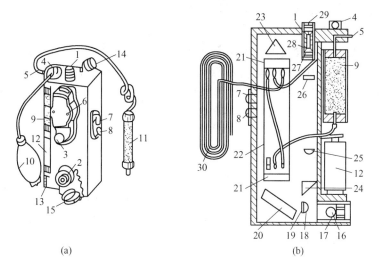

图 2-1　光学瓦斯检测仪结构

（a）外观图；（b）内部结构

1—目镜；2—主调螺旋；3—微调螺旋；4—吸气孔；5—进气孔；6—微读数观测窗；7—微读数电门；
8—光源电门；9—水分吸收管；10—吸气橡皮球；11—二氧化碳吸收管；12—干电池；13—光源盖；14—目镜盖；
15—主调螺旋盖；16—灯泡；17—光栅；18—聚光镜；19—光屏；20—平行平面镜；21—平面玻璃；22—气室；
23—反射棱镜；24—折射棱镜；25—物境；26—测微玻璃；27—分划板；28—场镜，29—目镜保护玻璃；30—毛细管

2.1.2.3　工作原理

光学瓦斯检定器是根据光干涉这一原理而设计的，当瓦斯室内的瓦斯浓度一定时，我们可以看到一组干涉条纹。如果改变瓦斯室里的瓦斯浓度，折射率发生改变，光程也就发生改变，这样通过空气和瓦斯室的两列光波就发生了新的光程差，干涉条纹发生移动，根据移动量的大小便可确定瓦斯浓度。

检定器根据光干涉原理制成，光学原理如图 2-2 所示。灯泡 1 发出的一束白光，经光栅 2 和透镜 3 变成一束平行光到平行平面镜 4 后，分成两束光线。其中一束自平面镜的 a 点反射，经右空气室、大三棱镜和左空气室回到平行平面镜，再经镜底反射镜面的 b 点，另一束在 a 点折射进入镜底后反射出来，往返经过瓦斯室也回到平面镜，于 b 点反射后与第一束光一同进入三棱镜 6 再经 90°反射进入望远镜。

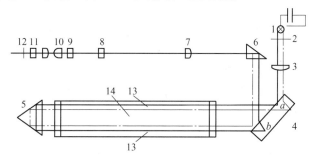

图 2-2　光干涉瓦斯检测仪光学系统图

1—光源；2—光栅；3—透镜；4—平行平面镜；5—大三棱镜；6—三棱镜；7—物镜；
8—测微玻璃；9—分划板；10—场镜；11—目镜；12—目镜保护玻璃；13—空气室；14—瓦斯室

这两束光由于光程差（光程为光线通过的路程和所遇过的介质的折射率的乘积），在透镜 7 的焦点平面上就白色光特有的干涉条纹（通常称"光谱"），条纹中有两条黑纹和若干条彩纹。光通过气体介质的折射率与气体密度有关，如果以空气和瓦斯室都充满新鲜空气时干涉条纹的位置为基准（即为零点），当含 CH_4 的空气进入瓦斯室时由于气体密度的变化，光程也随之发生变化，于是干涉条件产生位移，位移量的大小与 CH_4 浓度的高低呈线性关系。所以根据干涉条纹中任一条纹（通常为黑色条纹）的移动距离的大小，就能直接测出空气中的 CH_4 浓度。

2.1.2.4　使用方法

（1）外观检查。仪器清洁、附件齐全、辅助管不漏气。

（2）药品性能检查。吸收管内的干燥剂用氯化钙或变色硅胶。变色硅胶为蓝色颗粒状，直径 2~3mm 为宜，极易吸收水分而逐渐变为粉红色。吸湿变色后应更换，但吸湿变色后的硅胶经过干燥处理后可以复用。

吸收二氧化碳的是钠石灰，又名碱石灰，仪器使用的是含有变色指示剂的粉红色颗粒，吸收后变为淡黄色，药品粒径以 3~5mm 为宜，太小则粉末太多，容易进入气室，太大则药品不能充分发挥吸收能力。

（3）气密性检查。

1）检查气球是否漏气，用手捏扁气球，另一只手掐住胶管，然后松开气球，一分钟内气球不胀起即为不漏气。

2）检查气路是否畅通，放开进气孔，捏放吸气球，以气球瘪起自如为气路畅通。

3）检查仪器是否漏气。

①拔掉二氧化碳吸收管，将吸气球的胶皮管端同检测仪的吸气孔连接，用手捏扁气球，然后堵住拔掉的二氧化碳吸收管的进气孔，松开气球，一分钟内气球不胀起即为二氧化碳吸管不漏气。

②拔掉硅胶吸收管，将吸气球的胶皮管端同拔掉硅胶吸收管的吸气孔连接，用手捏扁气球，捏住气室前端的胶皮管，松开气球，一分钟内气球不胀起即为硅胶吸收管不漏气。

③拔掉气室前的胶皮管，用手捏扁气球，堵住气室的进气孔，松开气球，一分钟内气球不胀起即为气室不漏气。

（4）光路系统检查。

1）检查分划板，按下靠下部的光源电门，由目镜观察，并旋转目镜筒，调整到分划板清晰为止。

2）检查干涉条纹是否清晰。把电池装入仪器，按下电源按钮，由目镜观察，旋转保护玻璃框，调整视度达到数字最清晰，再看干涉条纹是否清晰，如不清晰，可将光源灯泡盖打开，稍微转动灯泡座，直到清晰为止。

（5）清洗气室。使用前，用新鲜空气冲洗瓦斯室，但清洗地点与被测地区的温差不应超过 10℃。因为不同温度的气体折射率是不同的，因此对零地点和测量地点温度差太大，会引起测量误差；另外，这种仪器对温度的变化比较敏感，温度变化，会引起零的条纹移动，因此清洗气室一般在井底车场进行。

（6）干涉条纹的零位调整。在新鲜风流中捏放吸气球 5~6 次，清洗气室后，首先按下按钮，转动测微手轮，使刻度盘的零位与指标线重合。然后按下按钮，转动粗动手轮，从目镜中观察，将干涉条纹中最黑的一条与分划板上的零位线对准，并记住所对的这条黑线，旋上护盖。此后护盖不得再旋动，以免零位变动。

2.1.3　瓦斯浓度的测定

2.1.3.1　测定瓦斯浓度

首先，在新鲜风流中清洗瓦斯室：按压微读数电门7，逆时针转动微调螺旋3，将微读数调到零点，捏放橡皮球5~6次，使瓦斯室内充满新鲜空气；对零，按压下光源电门8，由目镜观察干涉条纹的同时，转动主调螺旋2，使条纹中的某一黑线正对分划板的零点，盖紧主调螺旋盖15，就可以进行测定了。

测定时，在测定地点捏放橡皮球5~6次，将待测气体吸入瓦斯室，按下光源电门8，由目镜1中观察黑基线的位置。如其恰与某整数刻度重合，如图2-3（a）中所示，读出该处刻度数值，即为瓦斯浓度。

如果黑基线位于两个整数之间，如图2-3（b）中所示，则应顺时针转动微调螺旋3，使黑基线退到较小的整数位置上，如图2-3（c）中所示，然后，从微读数盘上读出小数位，整数与小数相加就是测定出的瓦斯浓度。例如，位移的整数为3，微读数为0.2，则CH_4浓度为3.2%。

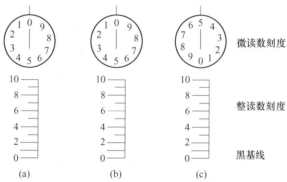

图2-3　光学瓦斯检定器读数方法示意图

2.1.3.2　测定二氧化碳浓度

用该仪器测定二氧化碳浓度时，吸收剂不用钠石灰，只用硅胶或氯化钙吸收水蒸气。其实际浓度应为所读得的数据乘以0.955。这是由于仪器出厂时校正适合于瓦斯浓度的测定，因此用于测定其他气体时，仪器所示读数并不是被测气体的实际浓度，必须进行换算，在空气中测定其他气体时，换算系数按下式求得：

换算系数=（瓦斯折射率-空气折射率）/（测定气体折射率-空气折射率）

在有瓦斯的地方测定二氧化碳，或是在测定瓦斯的同时又测定二氧化碳，就必须测定瓦斯和二氧化碳的混合浓度，然后再用钠石灰吸收二氧化碳来测定瓦斯浓度，把两次测得的结果相减，所得的差数乘以0.955，即得二氧化碳的实际浓度。例如，测得混合浓度为5%，甲烷浓度为4%，则二氧化碳浓度=（5%-4%）×0.955=0.955%。

2.1.3.3　注意事项

A　定期检查仪器

（1）检查仪器外部件、各连接部位的牢固可靠性和仪器的气密性能。

（2）转动部位是否灵活、平稳。

（3）药品装配及药品变质情况。

（4）干涉条纹清晰、明亮、宽窄符合标准、无弯曲现象，视场无阴影。

（5）测微部分检查。当刻度盘转动 50 格时，干涉条纹在分划板上的移动量应为 1%，否则应进行调整。

B　定期送检

光学瓦斯检测仪的送检周期为 1 年，每年必须将仪器送至有计量检测资质的单位进行检修和校正。仪器经过一段时间的使用后，仪器内部会积聚灰尘，金属及橡胶部件会出现老化，空气室中进入污染空气等情况。所以，必须对仪器进行全面的清洁、检查和校正。

C　测定中应注意的问题

（1）测定中空气湿度过大。湿度过大会使气室玻璃上产生雾气，灰尘容易附在上面，造成干涉条纹不清晰。因此，必须用硅胶或氯化钙来吸收水分，必要时，可在仪器外再增加一支氯化钙吸收管。此外，光源各部分接触不良、灯泡移动都会影响干涉条纹的清晰度。

（2）所测瓦斯读数比实际浓度偏高。原因可能有：钠石灰失效或吸收能力降低，把二氧化碳和甲烷的混合浓度误认为甲烷浓度，有时药品的吸收能力很好，但由于颗粒过大也会导致二氧化碳的不完全的吸收。另外，盘形管的堵塞也可能造成甲烷读数偏高。如从浓度高地点转到浓度低的地点进行测定，发生读数偏高，可能是吸气球或吸气球到气室之间漏气，进气管路堵塞被压。

（3）所测瓦斯读数比实际浓度偏低，原因可能有：

1）气室上所装盘形管和橡皮堵头以及与空气室连接的各个接头，有破裂漏气情况，使空气室的空气不新鲜，折射率增大，而使瓦斯室和空气中的气体折射率的差降低，故读数也随着降低；

2）瓦斯的进出口和吸气球漏气，接头不紧，使吸气能力降低，并在吸气时附近的气体渗入瓦斯室，冲淡了要测定的气体，结果读数偏低；

3）在准备工作地点调整零位时，空气不新鲜，或空气室与瓦斯室之间相互串气。

（4）空气中氧气浓度的变化对瓦斯测定的结果影响很大，当氧含量降低时，读数产生正值偏差，在严重缺氧的密闭火区中检测瓦斯时，往往测值偏高。

（5）测定中出现零位跑负，其原因是：吸收管内药品颗粒过细，脱脂棉过厚或压得过紧，以及橡皮管受挤压及被堵塞造成气路不畅，出气多，进气少。

（6）读取微度数时，人的视线应与刻度盘成 90° 的夹角。

（7）每测完一次，应先把测微手轮回到零位，方可进行下一次测定。

（8）若先测定较高浓度，再测定较低浓度时，挤压气球次数应增加 1~2 倍。

（9）若外接有较长的辅助管，吸气次数也要增加 1~2 倍。

（10）在不同水平进行测定时，要分别在测定水平的井底车场进行零位调整。

2.2 煤的坚固性系数测定实训

2.2.1 实训目的

（1）掌握煤的坚固性系数的物理意义。

（2）掌握煤的坚固性系数的测定方法与步骤。

2.2.2 实训仪器设备

捣碎筒、计量筒、分样筛（孔径 20mm、30mm 和 0.5mm 各 1 个）、天平（最大称量 1000g，最小分度值 0.01g）、小锤、漏斗、容器。

2.2.3 原理

煤的坚固性可以用坚固性系数的大小来衡量。本节只介绍常用的落锤破碎测定法，简称落锤法。该测定方法是建立在脆性材料破碎遵循面积力能说基础之上的。这个学说是雷延智在 1867 年提出来的，他认为"破碎所消耗的功（A）与破碎物料所增加的表面积（ΔS）的 n 次方成正比"即

$$A \propto (\Delta S)^n \tag{2-1}$$

试验表明，n 一般为 1。

以单位重量物料所增加的表面积而论，则表面积与粒子的直径 D 成反比：

$$S = \propto \frac{D^2}{D^3} = \frac{1}{D} \tag{2-2}$$

设 D_q 与 D_h 分别表示物料破碎前后的平均尺寸，则面积就可以用下式表示：

$$A = K \left(\frac{1}{D_h} - \frac{1}{D_q} \right) \tag{2-3}$$

式中，K 为比例常数，与物料的强度（坚固性）有关。

式（2-3）可以写为：

$$K = \frac{\Delta D_q}{i - 1} \tag{2-4}$$

式中，i 为破碎比，$i = D_q / D_h$，$i > 1$。

从式（2-3）可知，当破碎功 A 与破碎前的物料平均直径为一定值时，与物料坚固性有关的常数 K 与破碎比有关，即破碎比 i 越大，K 值越小，反之亦然。这样，物料的坚固性可以用破碎比来表达。

2.2.4 测定方法与步骤

在现场采下煤样，从中选取块度为 10~15mm 的小煤块分成 5 份，每份重 40g，各放在测筒内进行落锤破碎试验，测筒包括落锤（重 2.4kg）、圆筒及捣臼。测定时，将各份煤样依次倒入圆筒及捣臼内，落锤自距臼底 600mm 高度自由下落，撞击煤样，每份试样落锤 1~5 次，可由煤的坚固程度决定。5 份煤样全部捣碎后，倒入 0.5mm 筛孔的筛子内，

小于0.5mm的筛下物倒入直径23mm的量筒内，测定粉末的高度h，试样的坚固性系数按下式求得

$$f_{10 \sim 15} = 20n/h \tag{2-5}$$

式中，$f_{10 \sim 15}$为煤样粒度$10 \sim 15$mm的坚固性系数测定值；n为落锤撞击次数，次；h为量筒测定粉末的高度，mm。

如果煤软，所取得煤样粒度得不到$10 \sim 15$mm时，可采取粒度$1 \sim 3$mm煤样进行测定，并按下式进行换算：

$$\text{当}f_{1 \sim 3} > 0.25\text{时} \quad f_{10 \sim 15} = 1.57 f_{1 \sim 3} - 0.14 \tag{2-6}$$

$$\text{当}f_{1 \sim 3} \leqslant 0.25\text{时} \quad f_{10 \sim 15} = f_{1 \sim 3} \tag{2-7}$$

式中，$f_{1 \sim 3}$为煤样粒度$1 \sim 3$mm的坚固性系数测定值。

2.3 煤层瓦斯含量井下自然解吸实训

2.3.1 实训目的

(1) 掌握瓦斯含量的测定方法及分类。

(2) 掌握井下瓦斯含量现场解吸的测定技术、方法与步骤。

2.3.2 实训仪器设备

瓦斯解吸测定仪（如图2-4所示）、煤样罐（如图2-5所示）、机械秒表、扳手、起子和高压气瓶等。

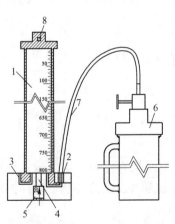

图2-4 瓦斯解吸速度测定仪与煤样罐连接示意图

1—管体；2—进气口；3—排水口；4—灌水通道；
5—底塞；6—煤样罐；7—连接胶管；8—吊耳

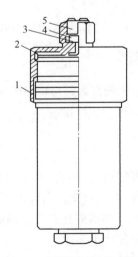

图2-5 煤样罐结构示意图

1—煤样罐盖；2—密封皮垫圈；3—密封垫；
4—压垫；5—压紧螺丝

(1) 瓦斯解吸速度测定仪（简称解吸仪）。量管有效体积不小于800cm³，最小刻度2cm³。

（2）煤样罐。罐内径大于60mm，容积足够装煤样400g以上，在1.5MPa气压下保持气密性。

2.3.3 实训原理、方法

将含瓦斯煤样瞬间暴露于大气中或类似于大气环境条件的仪器中，根据等容、等压、变容变压解吸原理测量煤层瓦斯含量。

向煤层施工取芯钻孔，将煤芯从煤层深部取出并及时放入煤样罐中密封；测量煤样罐中煤芯的瓦斯解吸速度及解吸量 Q_{21}，并以此来计算瓦斯损失量 Q_1；把煤样罐带到实验室然后在地面解吸仪上测量从煤样罐中释放出的瓦斯量 Q_{22}，与井下测量的瓦斯解吸量 Q_{21}，便可一起计算地勘时期煤层瓦斯井下自然解吸量 Q_2（$Q_2 = Q_{21} + Q_{22}$）。

2.3.4 实验步骤

2.3.4.1 煤样采样

A 采样前准备

所有用于取样的煤样罐在使用前必须进行气密性检测；气密性检测可通过向煤样罐内注空气至表压1.5MPa以上，关闭后搁置12h，压力不降方可使用。不应在丝扣和胶垫上涂润滑油。

解吸仪在使用之前，将量管内灌满水，关闭底塞并倒置过来，放置10min后量管内水面不下降为合格。

B 煤样采集

（1）采样钻孔布置。同一地点至少布置两个取样钻孔，取样点间距不小于5m。

（2）采样方式。在石门或岩石巷道可打穿层钻孔采取模样，在新暴露的煤巷中应首选煤芯采取器（简称煤芯管）或其他地点取样装置定点取芯。根据需要也可在卸压区域采取煤样。钻屑取样方式示意图如图2-6所示。

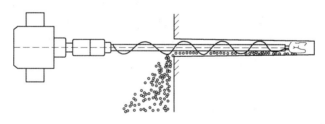

图2-6 钻屑取样方式示意图

（3）采样深度。采样深度应按以下两种情况确定。

1）测定煤层原始瓦斯含量时，采样深度应超过钻孔施工地点巷道的影响范围，并满足以下要求：在采掘工作面取样时，采样深度应根据采掘工作面的暴露时间来确定，但不应小于12m；在石门或岩石巷道采样时，距煤层的垂直距离应视岩性而定，但不应小于5m。

2）抽采后测定煤层残余瓦斯含量时，采样深度应符合《防治煤与瓦斯突出规定》的要求。

（4）采样时间。采样时间是指用于瓦斯含量测定的煤样从暴露到被装入煤样罐密封所用的实际时间，不应超过 5min。

（5）采样要求。采集煤样时应满足以下要求：

1）对于柱状煤芯，采取中间不含矸石的完整的部分；

2）对于粉状及块状煤芯，要剔除矸石及研磨烧焦部分；

3）不应用水清洗煤样，保持自然状态装入密封罐中，不可压实，罐口保留约 10mm 空隙。

（6）采样记录。采样时，应同时收集以下有关参数记录在采样记录表中：

1）采样地点。矿井名称、煤层名称、埋深（地面标高、煤层底板标高）、采样深度、钻孔方位、钻孔倾角。

2）采样时间。取样开始时间、取样结束时间、煤样装罐结束时间。

3）各种编号。罐号、样品编号。

2.3.4.2　模拟测定方法及步骤

A　气密性检查

对瓦斯解吸速度测定仪和煤样罐进行气密性检查，选用合格的设备。

B　煤样的预处理

将制备好的煤样（约 400g）装入煤样罐中，装罐时应尽量将罐装满压实，以减少罐内死空间的体积，在煤样上加盖脱脂棉或 0.178mm 铜网，密封煤样罐。

C　煤样瓦斯吸附平衡

把煤样罐与高压气瓶进行连接，拧开高压瓦斯钢瓶阀门，使高压瓦斯钢瓶与煤样罐连通，对煤样罐煤样进行充气 0.5h。

D　煤层瓦斯含量模拟测定

首先，准备好机械秒表和瓦斯解吸仪，测定并记录气温和气压，按照图 2-4 所示分别将煤样罐和瓦斯含量解吸仪连接好，然后打开煤样罐的阀门，同时按下秒表开始计时；按照 1min 的时间间隔，读取并记录瓦斯解吸仪内的瓦斯气体量。每间隔一定时间记录量管读数及测定时间，连续观测 60～120min 或解吸量小于 2mL/min 为止。开始观测前 30min 内，间隔 1min 读一次数，以后每隔 2～5min 读一次数；将观测结果填写到测定记录表中，同时记录气温、水温及大气压力。

测定结束后，密封煤样罐，并将煤样罐沉入清水中，仔细观察 10min，如果发现有气泡冒出，则该试样作废应重新取样测试。

E　地面解吸瓦斯含量的测定

井下取芯与解吸人员升井后立即把装有煤样的煤样罐带入实验室进行地面瓦斯解吸，并记录到达实验室和开始地面解吸的时间。

地面解吸装置包括地面瓦斯解吸测量管和煤样粉碎瓦斯解吸测量管，并配有化学试剂（指示剂）的液体；将煤样罐出气嘴连接到地面瓦斯解吸测量管上，开启地面解吸装置背光灯管，操作玻璃管操作手柄到吸水排气档，按动真空泵启动按钮进行排气吸水，当液面到达适当位置（根据瓦斯解吸量确定）时停止，调节解吸管操作手柄到隔绝真空泵连通状态，使解吸管处于密封状态。

解吸管密封性检测：在打开煤样罐阀门解吸开始前观察液面下降情况，是否有漏气存在，若存在要及时排除方可进行瓦斯解吸。

在确认调试完好后，注意记录解吸管的初始刻度，缓慢打开煤样罐阀门，隔一定时间间隔读取一次瓦斯的解吸量，时间间隔的长短取决于解吸速度，解吸时间约40min，具体视解吸情况而定；并注意观察解吸累计量的变化规律，发现异常及时处理，或报废；若长时间无气体出现可停止解吸，记录终止读数。数据填写见表2-1。

表 2-1　含瓦斯煤解吸速率测定数据

日期			煤样编号		
温度			气压		
时间/min	读数/mL	时间/min	读数/mL	时间/min	读数/mL
1		11		21	
2		12		22	
3		13		23	
4		14		24	
5		15		25	
6		16		26	
7		17		27	
8		18		28	
9		19		29	
10		20		30	
数据曲线拟合及分析					

当实测解吸瓦斯体积达到单根测量管最大量程85%时，打开转换手柄用第二根测量管测量；若解吸瓦斯体积超过两个测量管总量程80%时，关闭煤样罐阀门进行换水，并重复上述操作步骤。

记录周围环境的温度、大气压力及测试人员等。

测量结束后，记录释放出的瓦斯量 Q_{22}，Q_{22} 与井下瓦斯解吸量 Q_{21} 之和换算为标况下单位质量瓦斯体积即为可解吸瓦斯含量 Q_2。

2.3.4.3　计算采样过程中的损失瓦斯量

A　解吸时间的确定

在地面钻孔取样时，煤芯在提升过程中，当瓦斯压力超过孔内泥浆静水压力时，瓦斯便开始向外释放。因为煤层瓦斯压力是个未知数，所以不能精确判定瓦斯开始释放的时间。美国的方法是假定煤芯提到钻孔一半处开始释放瓦斯，根据这个假定得出的测定结果，经过与间接方法对比，两种方法得到的结果是接近的，证明这样的假定是可以在工业上应用的，目前我国在地勘过程中取样仍沿用这个假定。

煤样装罐前解吸瓦斯的时间是煤样在钻孔内解吸时间 t_1 与其在地面空气中解吸时间 t

之和，即：

$$t_0 = t_1 + t_2 \qquad (2\text{-}8)$$

式中，t_1 为解吸时间，通过地面钻孔采样时，取整个提钻时间的二分之一，通过井下岩巷采样时，取煤样从揭露至提升到孔口时间，min；t_2 为煤样提到孔口至装罐密封时间，min。

煤样总的解吸瓦斯时间 T_0 是装罐前的解吸时间 t_0 与装罐后的解吸时间 t 之和，即：

$$T_0 = t_0 + t \qquad (2\text{-}9)$$

B　瓦斯损失量计算

计算之前首先要将瓦斯解吸观测中得出的每次量管读数按式（2-10）换算为标准条件下的体积，瓦斯损失量可用图解法或数学解析法求得。

$$Q'_t = \frac{273.2}{101325(273.2 + t_w)}(p_{atm} - 9.81 h_w - p_s) \cdot Q''_t \qquad (2\text{-}10)$$

式中，Q'_t 为标准状态下的瓦斯解吸总量，cm^3；Q''_t 为实验环境下实测瓦斯解吸总量，cm^3；t_w 为量管内水温，℃；p_{atm} 为大气压力，Pa；h_w 为读取数据时量管内水柱高度，mm；p_s 为 t_w 下饱和水蒸气压力，Pa。

试验和理论分析结果表明，煤样在刚开始暴露的一段时间内，煤样解吸瓦斯量与解吸时间的平方根呈线性关系，由此可通过该线性特征推算煤样从煤体剥落到开始解吸时间段内的损失瓦斯量。以煤总解吸时间的平方根（$\sqrt{t_0 + t}$）为横坐标，以瓦斯解吸量（V_0）为纵坐标，将全部测点绘制在坐标系中，将测点的直线关系延长与纵坐标轴相交，纵轴上的截距即为总瓦斯损失量，如图 2-7 所示。

从现场应用来看，损失瓦斯量占煤样总瓦斯量的 10%～50%。因此，应尽量减少煤样的暴露时间，以减少瓦斯损失量在煤样总瓦斯量中所占的比重。

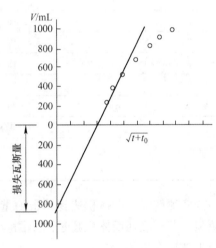

图 2-7　瓦斯损失量计算

2.3.5　实验注意事项

（1）在进行解吸实验时必须在煤样暴露（煤样卸压）时开始准确计时。

（2）读取实验数据时必须保证视线与刻度线持平。

2.4　井下直接测定煤层瓦斯压力实训

2.4.1　实训目的

（1）掌握煤层瓦斯压力直接测定法的方法与分类。

（2）掌握常用的煤层瓦斯压力测定方法的操作步骤。

（3）掌握煤层瓦斯压力的自动测量技术。

2.4.2　测定方法的分类

（1）按测压时是否向测压钻孔内注入补偿气体，测定方法可分为主动测压法和被动测压法。

1）主动测压法是在钻孔预设测定装置和仪表并完成密封后，通过预设装置向钻孔揭露煤层处或测压气室充入一定压力的气体，从而缩短瓦斯压力平衡所需时间，进而缩短测压时间的一种测压方法。补偿气体用于补偿钻孔密封前通过钻孔释放的瓦斯，缩短瓦斯压力平衡时间。可选用氮气（N_2）、二氧化碳（CO_2）或其他惰性气体。补充气量取决于打钻过程中损失的气体量和补气性质，如 CO_2 的吸附能力较强，需要补充的气体量相对 N_2 要大。此外，还需要考虑补充气体的吸附平衡时间。

2）被动测压法是测压钻孔被密封后，利用被测煤层瓦斯向钻孔揭露煤层处或测压气室的自然渗透作用，进而测定煤层瓦斯压力的方法。

（2）按封孔方法及材料分类。按测压钻孔封孔材料的不同，测定方法可分为黄泥（黏土）封孔法、水泥砂浆封孔法、胶圈封孔器法、胶圈-压力黏液封孔法、胶囊-压力黏液封孔法等；根据测压封孔方法的不同，测定方法可分为填料法和封孔器法两类。填料法常用材料有水泥砂浆和聚氨酯两种；封孔器封孔可分为胶圈封孔法、胶囊封孔法、胶圈-压力黏液封孔法和胶囊-压力黏液封孔法等。

2.4.3　实训原理

通过钻孔揭露煤层，安设测定仪表并密封钻孔，利用煤层中瓦斯的自然渗透原理测定在钻孔揭露处达到平衡的瓦斯压力。采用现有的方法通过打钻封孔后在煤层内形成测压室，上压力表后，测压室周围无限大空间煤体内的瓦斯不断向测压室运移，保证打钻过程和封孔后材料凝固时期（上表前）逸散的瓦斯通过周围流场的流动补充，最终平衡，达到煤层的真实瓦斯压力。

2.4.4　瓦斯压力测定钻孔施工

（1）钻孔直径宜为 $\phi 65 \sim 95 mm$。钻孔长度应保证测压所需的封孔深度。

（2）钻孔的开孔位置应选在岩石（煤壁）完整的地点。

（3）钻孔施工应保证钻孔平直、孔形完整，穿层测压钻孔除特厚煤层外应穿透煤层全厚，对于特厚煤层测压钻孔应进入煤层 $1.5 \sim 3 m$。

（4）钻孔施工好后，应立即用压风或清水清洗钻孔，清除钻屑，保证钻孔畅通。

（5）在钻孔施工中应准确记录钻孔方位、倾角、长度、钻孔开始见煤长度及钻孔在煤层中长度，钻孔开钻时间、见煤时间及钻毕时间。

（6）钻孔施工前应制定详细的技术及安全措施（包括测压观测期间所应采取的技术及安全措施）。

2.4.5　井下直接测定法

本节主要介绍应用较广泛的直接测定煤层瓦斯压力的方法。

2.4.5.1 水泥砂浆封孔测压法

水泥砂浆封孔测压法是目前应用最广泛的一种封孔方法，适用于井下各种情况下的封孔。注浆封孔材料一般采用膨胀不收缩水泥浆（一般由膨胀剂、水泥和水按一定比例配制）。测压管一般采用铜管、高压软管或无缝钢管，如图 2-8 所示，通过辅助管将安装有夹持器的测压管安装至预定的测压深度，在孔口用木楔和快干水泥封住，并安装好注浆管。根据封孔深度确定膨胀不收缩水泥的使用量，按照一定比例配好封孔水泥浆，用注浆泵一次连续将封孔水泥浆注入钻孔内，并在注浆 24h 后，在孔口安装三通及压力表。孔口可装置充气设备，通过主动注气，补偿瓦斯的损失量，缩短平衡时间。

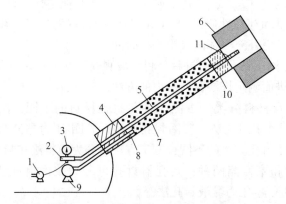

图 2-8　水泥砂浆封孔测压法示意图

1—充气装置（主动测压）；2—三通；3—压力表；4—木楔；5—测压管；
6—煤层；7—封堵材料；8—注浆管；9—注浆泵；10—夹持器；11—筛孔管

该方法适用性强，成本低、操作简单，封孔深度长，封孔密封性好。在地质条件复杂时难以完全封堵裂隙，需要扣除钻孔静水压对读数的影响。

2.4.5.2 胶圈-黏液封孔测压法

胶圈-黏液封孔方法是中国矿业大学研制的，其示意图如图 2-9 所示。

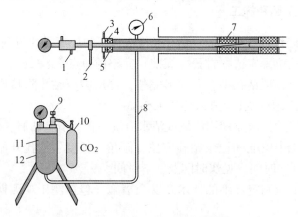

图 2-9　胶圈-黏液封孔测压法示意图

1—补充气体入口；2—固定把；3—加压手把；4—推力轴承；5，7—胶圈；
6—黏液压力表；8—高压胶管；9—阀门；10—二氧化碳；11—黏液；12—黏液罐

A 优缺点

该封孔装置由胶圈封孔系统和黏液加压系统组成。为了缩短测压时间，该封孔装置带有预充气口，预充气压力略小于预计的煤层瓦斯压力。与其他封孔器相比，这种封孔器的主要优点：一是增大了封孔段的长度；二是压力黏液可渗入封孔段岩（煤）体的裂隙，增大了密封效果。为了进一步提高黏液的堵漏效果，可在黏液中添加固体碎屑，或将压力黏液改为气、液、固三相泡沫介质。试验证明，利用三相泡沫，可封堵小于 4 mm 宽的裂隙。

对松软、裂隙发育的岩层密封较好，整套装置轻便，安装快捷，测压时间短，测压效果较好。但是整套装置价格较贵，岩层压力较大时很难回收再利用。

B 煤矿井下胶囊-密封黏液封孔测压法封孔步骤

（1）在测压地点先将封孔器组装好，将其放入预计的封孔深度，在孔口安装好阻退楔，连接好封孔器与密封黏液罐、压力水罐，装上各种控制阀，安装好压力表。

（2）启动压力水罐开关向胶囊（胶圈）充压力水，待胶囊（胶圈）膨胀封住钻孔后开启密封黏液罐往钻孔的密封段注入密封黏液，密封黏液的压力应略高于预计的煤层瓦斯压力。

（3）密封黏液由骨料、填料和黏液混合而成。密封黏液（封堵间隙为不大于 4mm）的配方为：化学浆糊（淀粉+防腐剂）与水的比例（质量比）1:16 制成黏液，骨料与黏液的比例（体积比）为 1:8，填料与黏液的比例（体积比）为 1:16。其中骨料由粒度为 0.5~1.0mm、1.0~2.5mm、2.5~5.0mm 的炉渣按体积比 1:2:3 混合而成；填料由 0.25~0.5mm、0.5~1mm、1.0~2.5mm 的锯末按体积比 1:1:1 均匀混合而成。

（4）密封黏液罐和压力水罐用于预计的煤层瓦斯压力小于 5MPa 时的封孔，液压和水压由液态 CO_2 提供。

2.4.5.3 胶囊-压力黏液封孔测压法

胶囊-压力黏液封孔测压法的核心装置是胶囊-黏液封孔器，其封孔步骤类似于胶圈-压力黏液封孔测压法，所不同的是胶囊代替了胶圈，由于胶囊弹性大，与孔壁接触更紧密，密封效果更佳。胶囊-压力黏液封孔测压法的示意图如图 2-10 所示。

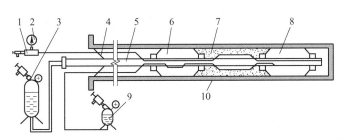

图 2-10 胶囊-压力黏液封孔测压示意图

1—三通；2—压力表；3—密封黏液罐；4—阻退楔；5—输液管；6—胶囊 1；
7—黏液；8—胶囊 2；9—压力水罐；10—钻孔

胶囊-压力黏液封孔测压法封孔效果好，测压时间短，装置可重复利用，在煤巷测定瓦斯压力时成功率高；但整套装置成本较高，操作比较烦琐，煤层松软时，封孔仪器回收比较困难。

2.4.6　直接测定煤层瓦斯压力的要求

2.4.6.1　封孔要求

（1）钻孔施工完后应在 24h 内完成封孔工作。

（2）检查测压管是否通畅及其与压力表连接的气密性。

（3）钻孔为下向孔时应将钻孔水排除。

（4）封孔深度应超过测压钻孔施工地点巷道的影响范围，并满足以下要求：

1）胶囊（胶圈）-压力黏液封孔测定本煤层瓦斯压力的封孔深度应不小于 10m；

2）注浆封孔测压法的测压钻孔封孔深度应满足以下公式：

$$L_封 \geqslant L_1 + D\cot\theta \tag{2-11}$$

式中，$L_封$ 为钻孔封孔深度，m；L_1 为钻孔所需最小封孔深度（有效封孔段长度），m；L_1 应保证穿层测压钻孔的见煤点、顺煤层测压钻孔的测压气室位于巷道的卸压圈之外，且 L_1 不小于 12.0m；穿层测压钻孔封孔时只能封堵岩层段，不能封堵煤层；顺煤层测压钻孔封孔后应保证其测压气室长度为不小于 1.5m；D 为钻孔的直径，m；θ 为钻孔的倾角，（°），$5° \leqslant |\theta| \leqslant 90°$。

（5）应尽可能增加测压钻孔的封孔深度。

2.4.6.2　补偿气体的要求

（1）采用主动测压法时，只在首次测定时向测压钻孔充入补偿气体，补偿气体的充气压力宜为预计煤层瓦斯压力的 0.5 倍。

（2）采用被动测压法时，不进行气体补偿。

2.4.6.3　瓦斯压力观测时间的要求

（1）采用主动测压法时应每天观测一次压力表，采用被动测压法时，观测压力表时间不能超过 3d。

（2）观测持续时间。

1）采用主动测压法，当煤层瓦斯压力小于 4MPa 时，其观测时间需 5~10d；当煤层瓦斯压力大于 4MPa 时，则需 10~20d。

2）采用被动测压法，则视煤层瓦斯压力及透气性大小的不同，其观测时间一般需 20~30d 以上。

3）在观测中发现瓦斯压力值在开始测定的一周内变化较大时，则应适当缩短观测时间间隔。

2.4.6.4　测定结果的确定

（1）将观测结果绘制在以时间（d）为横坐标、瓦斯压力（MPa）为纵坐标的坐标图上，当观测时间达到上述的规定，如压力变化在 3d 内小于 0.015MPa，测压工作即可结束；否则，应延长测压时间。

（2）在结束测压工作拆卸压力表时应制定相应的安全措施；同时，应测量从钻孔中放出的水量，如果钻孔与含水层、溶洞导通，则此测压钻孔作废并按有关规定进行封堵；

如果测压钻孔没有与含水层、溶洞导通，则需对钻孔水对测定结果的影响进行修正，修正方法可根据钻孔中出水量、钻孔参数、封孔参数等进行。修正方法如下。

1）其中水平及下向测压钻孔不修正，即：

$$p' = p_1 \tag{2-12}$$

式中，p' 为修正后的测定压力表读数值，MPa；p_1 为测定压力表读数值，MPa。

2）对于上向钻孔，如果无水按公式（2-12）进行，否则修正方法如下：

①当 $V > V_1$，并且 $V - V_1 < V_2$ 时：

$$p' = p_1 - 0.01l\sin\theta - 0.01 \frac{4(V - V_1)}{\pi D^2}\sin\theta \tag{2-13}$$

式中，V 为测压钻孔内流出的水量，m^3；V_1 为测压管管内空间的体积，m^3；V_2 为钻孔预留气室的体积，m^3；l 为测压管的长度，m；D 为钻孔的直径，m。

②当 $V > V_1$，并且 $V - V_1 \geqslant V_2$ 时：

$$p' = p_1 - 0.01l\sin\theta \tag{2-14}$$

式中，l 为测压钻孔的长度，m。

③当 $0 < V \leqslant V_1$ 时：

$$p' = p_1 - 0.01 \frac{4V}{\pi d^2}\sin\theta \tag{2-15}$$

式中，d 为测压管的直径，m。

（3）瓦斯压力的计算：

$$p = p' + p_0 \tag{2-16}$$

式中，p 为测定的煤层瓦斯压力值，MPa；p_0 为测定地点的大气压力值，MPa；大气压力的测定应采用空盒气压计进行测定。

（4）同一测压地点以最高瓦斯压力测定值作为测定结果。

2.4.7 煤层瓦斯压力的自动测定

2.4.7.1 仪器介绍

我国在煤层瓦斯压力自动化测定方面取得了一定的成绩，研发出了多种型号的瓦斯压力测定仪，如重庆煤科院的 WYY-1 型瓦斯压力测定仪，河南理工大学发明的 CPD8M 型煤层瓦斯压力测定仪。本节以 CPD8M 型煤层瓦斯压力测定仪为例进行论述，如图 2-11 所示。

该仪器采用薄膜溅射式压力传感器，将压力信号转换成电信号，送单片机进行 AD 转换和数字处理。处理后的数据由单片机驱动 LCD 显示器显示压力值，日期等。同时电池的电压经采样后也送单片机进行 AD 转换和数字处理，当电池电压低于 5V 时，将自动关机。测定仪在井下安装方法如图 2-12 所示。该仪器具有操作方便、形象直观、安全可靠、携带便捷、能耗低、精度高等特点。

2.4.7.2 操作方法

（1）测量。

1）按"1"键时，进入下面界面。

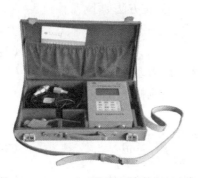

图 2-11　CPD8M 型煤层瓦斯压力测定仪

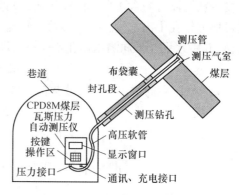

图 2-12　自动测定仪井下安装方法

"标号:": 用来设定采样点地址, 可以是数字和字母的组合, 输入完毕后, 按"确定"键进入下一参数的设定。

"采样 Dt: ××H-##D": 用来设定采样间隔, ××H 表示××h 采样一次, ##D 表示总共的采样时间是##天, ##D 不能设定, 它通过改变××H 来自动改变。××H 的设定可以通过"↑↓"键来改变, 设定完后按"确定"键进入下一参数设定。

"显示 Dt: ××H-##D": 用来设定显示时间间隔, 显示时间间隔是采样时间间隔的整数倍, 可以通过"↑↓"键来改变, 设定完后按"确定"键进入下一参数设定。

"确定 Y?": 整个过程参数设置完后, 按"确定"键存储, 在整个采样过程中按设定的参数进行采样和数据的查询, 如果某项参数需要重新设定则按"取消"键进行重新设定。

2) 参数设定完后, 开始采样, 有如下界面。

"时长: ××××H": 说明从开始采样到现在的时长, 单位是小时 (h)。

"压力: ××.××MPa": 当前压力。

"显示 Dt: ××H-##D": 查看历史记录时, 显示历史记录的时间间隔。

"-0.1?:": 表示是否有压力下降 0.1MPa 的过程, 如果有, 则显示第一次下降 0.1MPa 的时长, 如果没有则显示"N", 便于判断封孔是否漏气。

3) 显示 1 分钟后, LCD 关闭, 当需要查看时按"确定"键则重新显示上述界面, 按"↑↓"键且有存储数据时显示如下界面:

"P1　　××.××　　××.××"

"××.××　××.××　　××.××"

"……………………………"

其中 P1 表示第 1 页, ××.××表示显示时间间隔内的压力平均值, 按"↑↓"键可以翻页, 上述界面如果不进行任何操作, 则 30s 后 LCD 自动关闭。如果记录时间到, 则产品自动关机。

(2) 通讯。按"2"键时出现:"通讯中…"表示通讯中, 通讯口暂时为仪表预留的扩展口。

(3) 历史数据查询。

"时长：××××××H"：表示上次记录的采样时长为××××h。

"显示 Dt：××H-##D"：表示显示的历史记录为每××小时显示一条记录，总共显示##天的记录。在查看历史记录中此条信息的值为上次记录中的"采样 Dt"的值。

"-0.1?:"：表示是否有压力下降 0.1MPa 的过程，如果有则显示第一次下降 0.1MPa 的时长，如果没有则显示"N"。

如果有存储数据时，按"↑↓"键显示如下界面：

"P1   ××.××   ××.××"

"××.××   ××.××   ××.××"

"……………………………………"

其中 P1 表示第 1 页，××.××表示显示时间间隔内的压力平均值，按"↑↓"可以翻页。

（4）系统参数设置。

1）按"4"键显示如下界面。

"1. 修正时间"：用来修正实时时钟。

"2. 实时测量"：产品的附加功能，用来实时测量压力，每秒刷新一次测量值。

2）选择"修正时间"时，出现下列界面。

"请设定 24 小时制时钟"。

"yy/mm/dd"：yy 表示年，mm 表示月，dd 表示日期。

"hh：mi"：hh 表示小时，mi 表示分钟。

用键盘输入当前日期后，按"确定"键即可存储。

3）选择"实时测量"时，出现下列界面：

"时长：××××H"：表示开始采样到当前时刻的时长。

"压力：××.××MPa"：表示当前压力，每秒刷新一次。

2.4.7.3 煤层瓦斯压力快速测定注意事项

（1）正常测量时，当压力恢复曲线中压力值突然下降或压力显示为 0MPa 时，请检查气路的密封性。

（2）电池组充电必须在井上安全场所进行，严禁使用说明书规定以外的电池。

（3）更换电池时应注意更换已经浇封了保护电路的电池组件。

（4）使用前应当检查产品电源容量，容量不足时必须及时充电。

（5）产品长期不使用时，应放于通风干燥处贮藏，定期进行充放电，一般每月进行一次。

（6）应对产品的对外接口进行定期清理。

2.4.8 实训结果处理

若采用压力表进行测定，将煤层瓦斯压力的测定数据记录到表 2-2 中，并对测压曲线进行拟合分析。

表 2-2　煤层瓦斯压力测定数据分析

施工日期		钻孔长度/m	
封孔长度/m		封孔深度/m	
气压/MPa		充气时间	
时间/d	读数/MPa	时间/d	读数/MPa
1		11	
2		12	
3		13	
4		14	
5		15	
6		16	
7		17	
8		18	
9		19	
10		⋮	
瓦斯压力恢复曲线拟合及分析			

2.5　瓦斯爆炸演示实训

2.5.1　实训目的

（1）掌握瓦斯爆炸的条件。

（2）掌握瓦斯爆炸演示装置的操作步骤。

2.5.2　实训设备

瓦斯爆炸智能演示装置（示意图及外观如图 2-13 所示），高压瓦斯气瓶。

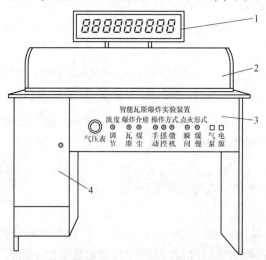

图 2-13　智能瓦斯爆炸演示装置示意图及外观
1—显示屏；2—模拟巷道；3—控制面板；4—工具箱

2.5.3 实训原理

矿井瓦斯的成分主要有 CH_4、CO_2、O_2、CO、H_2S，CO_2 和 N_2 等，且以 CH_4 为主。

瓦斯爆炸的条件是：一定浓度的瓦斯、高温火源和充足的氧气。

（1）瓦斯（甲烷）浓度。瓦斯（甲烷）爆炸有一定的浓度范围，我们把在空气中瓦斯遇火后能引起爆炸的浓度范围称为瓦斯爆炸界限。瓦斯爆炸界限为 5%～16%。

当瓦斯浓度低于 5%时，遇火不爆炸，但能在火焰外围形成燃烧层，当瓦斯浓度为 9.5%时，其爆炸威力最大（氧和瓦斯完全反应）；瓦斯浓度在 16%以上时，失去其爆炸性，但在空气中遇火仍会燃烧。瓦斯爆炸界限并不是固定不变的，它还受温度、压力以及煤尘、其他可燃性气体、惰性气体的混入等因素的影响。

（2）引火温度，即点燃瓦斯的最低温度。一般认为，瓦斯的引火温度为 650～750℃，但受瓦斯的浓度、火源的性质及混合气体的压力等因素影响而变化。当瓦斯含量在 7%～8%时，最易引燃；当混合气体的压力增高时，引燃温度即降低；在引火温度相同时，火源面积越大、点火时间越长，越易引燃瓦斯。

（3）空气中的氧气浓度降低时，瓦斯爆炸界限随之缩小，当氧气浓度减少到 12%以下时，瓦斯混合气体即失去爆炸性。这一性质对井下密闭的火区有很大影响，在密闭的火区内往往积存大量瓦斯，且有火源存在，但因氧的浓度低，并不会发生爆炸。如果有新鲜空气进入，氧气浓度达到 12%以上，就可能发生爆炸。因此，对火区应严加管理，在启封火区时更应格外慎重，必须在火熄灭后才能启封。

2.5.4 实训步骤

爆炸演示的手动操作步骤如下：

（1）将仪器各部分正确连接，插上电源开关，进行校准与调试；

（2）将模拟巷道两端用一层普通的报纸密封压紧；

（3）打开控制面板上"气泵"开关，使瓦斯袋内瓦斯充入模拟巷道，观察"气压表"至数值上升到 0.2MPa；

（4）按下"瞬爆"按钮，面板上瞬爆灯亮，并倒计时，显示由"5""4""3""2""1"至"0"，点燃瓦斯起爆，通过有机玻璃可清楚地看到爆炸过程。

2.5.5 注意事项

（1）实验室严禁明火。

（2）实验过程中，人员禁止站立在瓦斯爆炸演示装置的不安全区域内。

2.6 煤尘爆炸性虚拟仿真实训

2.6.1 实训目的

（1）掌握煤尘爆炸的条件。

（2）掌握煤尘爆炸演示装置的操作方法。

2.6.2 实训仪器设备

煤尘爆炸性测定仪，电子天平，煤样。其中，煤尘爆炸性测定仪主要由五个部分组成：

（1）造尘云部分由试样管、空气压缩机、电磁阀及导管组成。

（2）燃烧部分由大玻璃管，加热器及其温度控制系统组成。

（3）通风排烟除尘部分由弯管，滤尘箱及吸尘器组成。

（4）箱体部分。

（5）移动导轨式专用火焰拍摄系统。

2.6.3 实训原理、方法

当具有爆炸危险的煤尘飞扬到空气中，并达到一定浓度，遇见高温火源时就会发生爆炸。其测定方法为：通过煤粉在高温时产生火焰的情况，判定是否有火焰；10 次实验中测定最长火焰长度；然后加入岩粉，测定达到一定重量时火焰长度的变化。通过上述三个指标对煤尘爆炸性进行判定。

2.6.4 实训步骤

（1）打开装置电源开关，检查仪器工作是否正常。

（2）打开装置加热器升温开关，使加热器温度逐渐升温至（1100±1）℃。

（3）用 0.1g 感量的架盘天平称取（1±0.1）g 鉴定试样，装入试样管内，试样管的尾端插入弯管。

（4）打开空气压缩机开关，将气室气压调节到 0.05MPa。

（5）按下启动按钮，将试样喷进玻璃管内，造成煤尘云。

（6）观察并记录火焰长度，数据填写于表 2-3。

（7）同一个试样做 5 次相同的试验，如果 5 次试验均未产生火焰，还要再做 5 次相同的试验。

（8）做完 5 次（或 10 次）试样试验后，用长杆毛刷清扫干净沉淀在玻璃管内的煤尘。

表 2-3 煤尘爆炸危险性测试数据表

实验次数	煤样粒度/mm	空气包压力/MPa	火源温度/℃	煤样质量/g	火焰长度/mm	是否具有爆炸危险性

2.6.5 实训结果处理

（1）在 5 次鉴定试样试验中，只要有 1 次出现火焰，则该试样鉴定为"有煤尘爆炸性"。

（2）在 10 次鉴定试样试验中均未出现火焰，则该试样鉴定为"煤尘无爆炸性"。

（3）凡是在加热器周围出现单边长度大于 3mm 的火焰（一小片火舌）均属于火焰；而仅出现火星，则不属于火焰。

（4）以加热器为起点向管口方向所观测到的火焰长度作为本次试验的火焰长度；如果这一方向未出现火焰，而仅在相反方向出现火焰时，应以此方向确定为本次试验的火焰长度；选取 5 次试验中火焰最长的 1 次的火焰长度作为该鉴定试样的火焰长度。

2.7　钻孔瓦斯涌出初速度测定实训

2.7.1　实训目的

（1）掌握瓦斯涌出初速度的物理意义。

（2）掌握井下测定瓦斯涌出初速度的方法、步骤。

2.7.2　实训仪器设备

封孔装置，流量计，计时器 1 只，地质罗盘 1 个，卷尺 1 个（规格：5m），扳反 2 把（规格：200mm），管钳 2 把（规格：300mm）、钢丝钳 1 把。

2.7.3　测定方法

钻孔瓦斯涌出初速度是在煤层中按规定的技术要求施工钻孔至预定深度，在规定长度钻孔内 2min 内涌出的最大瓦斯流量，用 q 表示，单位为 L/min。

测定钻孔瓦斯涌出初速度时，采用螺旋钻杆在煤层中钻进直径为 42mm（石门区域钻孔孔径按 MT/T 839 规定）的钻孔，钻进到预定深度后，快速完成退出钻杆、送入封孔器、充气封孔等工序，并在 2min 内开始测定规定长度钻孔的瓦斯流量。测定钻孔瓦斯涌出初速度时，测量室的长度为 1.0m。其测定示意图如图 2-14 所示。

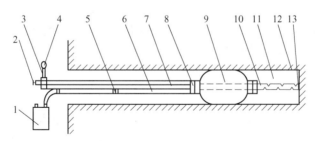

图 2-14　钻孔瓦斯涌出初速度测定方法示意图

1—流量计；2—打气筒；3—低压三通；4—压力表；5—接头；6—测量管；7—充气胶管；
8—卡箍；9—封孔器；10—测量室管；11—测量室；12—钻孔；13—堵头

2.7.4　测定过程

2.7.4.1　钻孔布置

（1）煤巷掘进工作面。在近水平或缓倾斜煤层工作面应当向前方煤体至少施工 3 个、在倾斜或急倾斜煤层至少施工 2 个直径为 42mm、孔深为 8~10m 的钻孔，测定钻孔瓦斯涌出初速度指标，钻孔每钻进 1m 测定一次钻孔瓦斯涌出初速度。钻孔应当尽量布置在软分层中部，并平行于掘进方向，其他钻孔开孔口距巷道两帮 0.5m 处，终孔点应位于巷道断面两侧轮廓线外 2~4m 处，如图 2-15 所示。当煤层有 2 个或 2 个以上软分层时，钻孔应施工在最厚的软分层中。

（2）采煤工作面。钻孔布置应距采煤工作面进、回风巷道 10m 开始，沿工作面每隔 10~15m 布置一个垂直于工作面煤壁深度为 5~10m 的钻孔，其他各项操作均与煤巷掘进工作面相同，如图 2-16 所示。

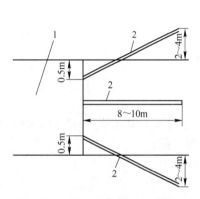

图 2-15　掘进工作面钻孔瓦斯涌出
初速度钻孔平面布置示意图
1—煤层巷道；2—钻孔

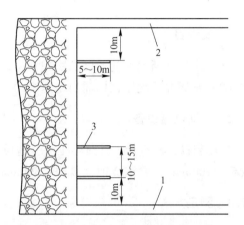

图 2-16　回采工作面钻孔布置平面示意图
1—运输巷；2—回风巷；3—钻孔

（3）石门和其他井巷揭煤工作面。石门和其他井巷揭煤工作面进行钻孔瓦斯涌出初速度测定时，钻孔布置应按 MT/T 839 的有关规定进行。

在实施工作面防突措施效果检验时，分布在工作面各部位的检验钻孔应当布置于所在部位防突措施钻孔密度相对较小、孔间距相对较大的位置，并远离周围的各防突措施钻孔或尽可能与周围各防突措施钻孔保持等距离。在地质构造复杂地带应根据情况适当增加检验钻孔。

2.7.4.2　测定步骤

（1）仪器的准备及气密性检验。每次现场测定前，按钻孔深度要求将测定装置的封孔器、测量管、测量室管及流量计等与各辅助部件连接好，检查气密性。

（2）钻孔施工。按上述有关要求布置钻孔，在每段钻孔钻进前应在钻杆上标识出预定的打钻深度。钻进时应避免钻杆摆动，钻进速度应控制在 0.5~1m/min。

（3）钻孔封孔。钻孔钻进至预定深度（2m 孔深开始），立即用计时器计时，迅速拔出钻杆，把封孔器送入孔底进行充气封孔。开始测定流量前的全部操作应在 2min 内完成。

（4）测定流量。在封孔操作的同时，将流量计与测量管连接好。在规定时间内完成封孔后，开始测定钻孔瓦斯涌出初速度值。采用瞬时流量计时，应记录开始测定 10s 后的最大值；采用累计流量计时，应记录开始测定后时长为 1min 内的读数值作为测值。

（5）退出封孔器。测定完成后，将封孔器泄压，从钻孔中退出封孔器。

（6）下一次测定。上一次测定完成后，按照步骤（2）的要求继续施工钻孔，钻进至下一次测定深度后，重复步骤（3）～步骤（5）的过程，测定下一次的钻孔瓦斯涌出初速度值，直至测定结束。

2.7.5 测定记录

在测定开始前应测量并记录工作面位置、煤层厚度及有无地质变化等；在测定过程中应详细记录钻孔的位置、方位、倾角、深度、钻孔瓦斯涌出初速度以及钻进时有无喷孔、卡钻、响煤炮等动力现象。

工作面所有钻孔的瓦斯涌出初速度测定完成后，将最大一次的测值作为该工作面的瓦斯涌出初速度测定值。

测定数据的记录格式如表2-4所示。

表 2-4　钻孔瓦斯涌出初速度测定记录表

工作面名称：_____　循环编号：_____　工作面位置：_____
煤层厚度：_____　倾角：_____　巷道方位：_____　钻孔孔径：_____

孔号	钻孔参数/（°）		开孔位置/m		孔深/m	动力现象描述	工作面地质素描及钻孔布置示意图
	方位	倾角	距中线	距腰线			
1							
2							
3							
4							
5							
	钻孔深度/m						
孔号							
	钻孔瓦斯涌出初速度/L·min⁻¹						
1							
2							
3							
4							
5							
	钻孔瓦斯涌出初速度测定结果						
孔号		钻孔深度/m		钻孔瓦斯涌出初速度最大值/L·min⁻¹			

测定人员：_____　测定日期：_____年_____月_____日　班：_____

2.8　煤层瓦斯抽采管路中瓦斯流量参数仿真测定

2.8.1　实训目的

通过实训使学生了解煤层瓦斯抽采过程中各参数（负压、浓度、压差、流量）的意义，掌握煤层瓦斯抽采各参数（负压、浓度、压差、流量）测定方法。

2.8.2　实训内容

煤层瓦斯抽采各状态参数（负压、浓度、压差、流量）的测定。

2.8.3　仪器设备

（1）煤层瓦斯抽采模拟装置，如图 2-17 所示。

（2）高负压瓦斯采样器。

（3）光干涉型瓦斯检定器。

（4）温度计。

（5）U 形压差计。

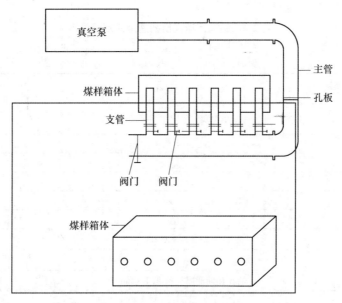

图 2-17　煤层瓦斯抽采参数测定模拟装置结构图

（6）LGB 型孔板，如图 2-18 所示。

（7）负压表，如图 2-19 所示。

（8）CWC3 型便携式瓦斯抽采参数测定仪，如图 2-20 所示。

图 2-18　LGB 型孔板　　　　图 2-19　负压表　　　　图 2-20　便携式瓦斯抽采参数测定仪

（9）孔板流量计。孔板流量计用以测定瓦斯抽采管路中的瓦斯流量。当气体经管路通过孔板时，流速会增大，在孔板两侧产生压差，且流量与压差之间存在着一个恒定的关系，通过压差可以计算出管路中气体的流量。孔板流量计由孔板、取压嘴和钢管组成，其结构如图2-21所示。

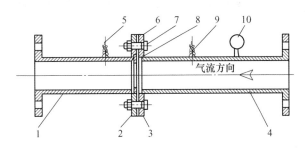

图 2-21　孔板流量计结构示意图

1，4—管路；2，3—法兰盘；5，9—压差计接头；
6—密封圈；7—连接螺丝；8—孔板；10—负压表

通过估算抽采瓦斯量和水柱压差 Δh 值的测量范围，合理选择孔板直径的大小，一般孔板压差 Δh 测量范围在 $100 \sim 1000 Pa$。孔板流量计的安装和使用如下：

1）在抽采瓦斯管路中安装孔板时，孔板的孔口必须与管道同心，其端面与管道轴线垂直；

2）安装孔板的管道内壁，在孔板前后距离 $2D$ 的范围内，不应有凹凸不平、焊缝和垫片等；

3）孔板流量计的上游（前端），管道直线长度 $\geqslant 20D$，下游（后端）长度 $\geqslant 10D$；

4）要经常清理孔板前后的积水和污物，孔板锈蚀要更换；

5）抽采瓦斯量有较大变化时，应根据流量大小更换相应的孔板。

2.8.4　实训原理、方法

煤层瓦斯抽采过程中，需要对每个钻孔、主管、干管的状态参数进行实时监测，这些参数主要包括瓦斯抽采的负压、浓度、压差、流量等。

在煤层瓦斯抽采状态参数的测定中，主要方法有两类：一是使用传统的负压取样器和光干涉型瓦斯鉴定器测定浓度，用负压表测定负压，用孔板和 U 形压差计测定孔板上下游的压差并计算气体的流量；二是利用现有电子仪器，如 CWC3 型便携式瓦斯抽采多参数测定仪进行瓦斯抽采状态参数的测定，即利用甲烷传感器、压力传感器及自带涡街流量传感器分别测量出瓦斯浓度、压力及工况流量数据，自动计算出混合量及瓦斯纯量，在显示屏上显示最终结果并存储。

2.8.5　实训步骤

2.8.5.1　传统测试方法测定

（1）按照图2-17所示结构图连接煤层瓦斯抽采模拟装置。

（2）对煤样箱体充气，再开启真空泵。

（3）待真空泵正常运转5min后，打开孔板支管，利用高负压取样器和光干涉型瓦斯检定器相配合连续从孔板支管中抽取气体5~8次，打入光干涉型瓦斯检定器内，利用光干涉型瓦斯检定器测定各抽采管路中的甲烷浓度。高负压抽气筒采集时，抽气筒的进气口和平衡压力口分别通过胶管与孔板前后的气咀相连通，起着平衡负压和保证抽气筒前方压力大于后方压力的作用，因而避免了经活塞漏入空气。在打气时，瓦斯经气门芯排到高浓度瓦斯检定器中。

（4）测定孔板上风端的绝对压力（p_1），可用真空表（负压表）或U形压差计直接测定，并按下式计算：

$$p_1 = p_a - p \tag{2-17}$$

式中，p_1为孔板上风端的绝对压力，MPa；p_a为大气压力，MPa；p为表压力或水银柱高差，MPa。

（5）测定管内气体温度t（℃），可近似取测量地点温度。

（6）利用U形压差计分别连接各抽采管路设置的孔板的上下游支管，测定孔板上下游两侧的压差。

（7）利用测定的孔板上下游压差，查阅相关技术参数，根据孔板的压差与流量的关系计算出各抽采管路的气体混合流量。

（8）根据步骤（3）中测得的各抽采管路的气体浓度和步骤（7）中测得的气体混合流量计算各抽采管路中气体的纯流量。

2.8.5.2　CWC3型便携式瓦斯抽采多参数测定仪测定

按照图2-18所示结构图连接煤层瓦斯抽采模拟装置，并将CWC3型便携式瓦斯抽采多参数测定仪串联到某一管路内；对煤样箱体充气，再开启真空泵；待真空泵正常运转5min后，即可开始测定各参数，该仪器具体测定步骤如下。

（1）使用前准备：

1）仪器使用前，应进行数据清零，否则不能安全保存数据；

2）仪器每次使用前，应与相对应的抽采管路连接好，注意气流方向应与仪器指示方向一致；

3）使用前，应检查电源是否充足，电源指示灯为红色表示充足，黄色为不足应进行充电。

（2）充电。用专用电缆将充电器与主机连接好，再将充电器接上220V交流电，这时充电器面板上电源指示灯和充电指示灯将亮，充电器开始对仪器充电，充满时，充电器自动停止，此时充电指示灯将变成绿色。

（3）单参数测量。单参数测量是指只测某一单一参数，有三种形式：单浓度、单负压、单流量。

（4）综合参数测量。综合参数测量是指瓦斯浓度、负压和流量三个参数仪器测量，并最终测量和显示瓦斯抽采的混合流量和瓦斯纯量。

（5）数据显示与查询。在待机状态下，按"显示"键，仪器显示提示词为"Disp:"询问查询数据类型，要求输入数据类型代码，数据类型代码定义如下：

1——综合参数测定数据；2——单浓度数据；3——单负压数据；4——单流量数据。

输入数据代码后，仪器提示输入测量地点编号，输入编号后，即可开始显示相应测量数据。

2.8.6 实验结果处理

（1）传统法流量计算。

$$Q_流 = Kb\sqrt{\Delta h} \cdot \delta_p \cdot \delta_T \tag{2-18}$$

$$K = 189.76 a_0 m D^2$$

$$m = \left(\frac{d}{D}\right)^2$$

$$\delta_T = \sqrt{\frac{293}{273 + t}}$$

$$\delta_p = \sqrt{\frac{p_T}{760}}$$

$$b = \sqrt{\frac{\gamma_{空标}}{\gamma_标}} = \sqrt{\frac{1}{1 - 0.0046x}}$$

式中，$Q_流$ 为用标准孔板观测时混合瓦斯流量，m^3/min；b 为瓦斯浓度校正系数；a_0 为标准孔板流量系数；m 为截面比；K 为孔板实际流量系数；D 为管道直径，mm；Δh 为在孔板前后端所测的压差，Pa；δ_T 为温度校正系数，可查表2-5；δ_p 为压力校正系数，可查表2-6；t 为同点的温度，$℃$；p_T 为孔板上风端测得的绝对压力，Pa；760 为标准大气压；b 为瓦斯浓度校正系数；计算结果见表2-7所示。$\gamma_{空标}$ 为在101.325kPa、20℃条件下的空气容重，取 1.21kg/m³；$\gamma_标$ 为在101.325kPa、20℃条件下的空气容重，取 0.668kg/m³；x 为混合气体中瓦斯浓度，%。

计算纯瓦斯量的公式为：

$$Q_纯 = Q_混 \times x \tag{2-19}$$

为了计算方便，将 δ_T、δ_p、b 分别列入表2-5～表2-7中。

表 2-5 温度（δ_T）校正系数

温度/℃	0	1	2	3	4	5	6	7	8	9
40	0.968	0.966	0.964	0.963	0.961	0.960	0.958	0.957	0.955	0.954
30	0.983	0.982	0.980	0.979	0.977	0.975	0.974	0.972	0.971	0.969
20	1.000	0.998	0.987	0.995	0.993	0.992	0.990	0.988	0.987	0.985
10	1.017	1.016	1.014	1.012	1.010	1.008	1.007	1.005	1.003	1.001
0	1.035	1.034	1.033	1.032	1.029	1.027	1.025	1.023	1.021	1.019
-0	1.035	1.037	1.039	1.041	1.043	1.045	1.047	1.049	1.052	1.054
-10	1.056	1.058	1.059	1.061	1.063	1.066	1.068	1.070	1.072	1.074
-20	1.076	1.078	1.080	1.083	1.085	1.086	1.089	1.091	1.094	1.095
-30	1.098	1.099	1.103	1.105	1.108	1.109	1.112	1.115	1.117	1.119
-40	1.122	1.123	1.126	1.129	1.131	1.133	1.136	1.139	1.141	1.143

表 2-6 气压（δ_p）校正系数

压力 P_r/mmHg	δ_P	压力 P_r/mmHg	δ_P	压力 P_r/mmHg	δ_P
150	0.444	375	0.702	600	0.889
155	0.452	380	0.707	605	0.892
160	0.458	385	0.712	610	0.896
165	0.466	390	0.718	615	0.900
170	0.472	395	0.720	620	0.903
175	0.480	400	0.725	625	0.907
180	0.488	405	0.729	630	0.910
185	0.493	410	0.734	635	0.914
190	0.500	415	0.739	640	0.918
195	0.506	420	0.743	645	0.922
200	0.513	425	0.748	650	0.925
205	0.519	430	0.752	655	0.928
210	0.525	435	0.756	660	0.932
215	0.532	440	0.761	665	0.935
220	0.538	445	0.765	670	0.939
225	0.544	450	0.769	675	0.942
230	0.550	455	0.774	680	0.946
235	0.556	460	0.778	685	0.949
240	0.562	465	0.782	690	0.953
245	0.568	470	0.786	695	0.956
250	0.574	475	0.791	700	0.960
255	0.579	480	0.794	705	0.963
260	0.585	485	0.799	710	0.967
265	0.590	490	0.803	715	0.970
270	0.596	495	0.807	720	0.973
275	0.601	500	0.811	725	0.977
280	0.607	505	0.815	730	0.980
285	0.612	510	0.819	735	0.984
290	0.617	515	0.823	740	0.987
295	0.623	520	0.827	745	0.990
300	0.629	525	0.831	750	0.993
305	0.633	530	0.835	755	0.997
310	0.639	535	0.839	760	1.000
315	0.643	540	0.843	765	1.003
320	0.649	545	0.847	770	1.006
325	0.654	550	0.850	775	1.009
330	0.659	555	0.854	780	1.013
335	0.663	560	0.858	785	1.016
340	0.669	565	0.862	790	1.019
345	0.674	570	0.866	795	1.023
350	0.678	575	0.870	800	1.026
355	0.683	580	0.874	805	1.029
360	0.689	585	0.878	810	1.031
365	0.693	590	0.881	815	1.034
370	0.698	595	0.886	820	1.037

注：$1\text{mmHg} = 1.33 \times 10^2 \text{Pa}$。

表 2-7　瓦斯浓度（b）校正系数

瓦斯浓度/%	0	1	2	3	4	5	6	7	8	9
0	1.000	1.002	1.004	1.007	1.009	1.011	1.014	1.016	1.019	1.021
10	1.024	1.026	1.028	1.031	1.032	1.035	1.038	1.040	1.043	1.045
20	1.048	1.050	1.053	1.056	1.058	1.060	1.063	1.066	1.068	1.071
30	1.074	1.077	1.080	1.082	1.085	1.088	1.091	1.095	1.097	1.100
40	1.103	1.106	1.109	1.113	1.116	1.119	1.122	1.125	1.128	1.131
50	1.134	1.137	1.141	1.144	1.148	1.151	1.154	1.158	1.162	1.164
60	1.168	1.172	1.176	1.179	1.182	1.186	1.190	1.194	1.198	1.202
70	1.206	1.210	1.214	1.220	1.222	1.225	1.229	1.234	1.238	1.243
80	1.247	1.251	1.256	1.260	1.263	1.269	1.274	1.278	1.283	1.287
90	1.292	1.297	1.302	1.308	1.313	1.318	1.324	1.328	1.334	1.339
100	1.344									

矿井瓦斯抽采中使用的压差计，在现场测得负压、正压和节流的大小，常常用 mmH_2O 来表示（$1mmH_2O = 9.81Pa$）。但有时因为测量范围和防冻等原因，须改用水银和酒精来代替。数据记录到表 2-8 中。

表 2-8　煤层瓦斯抽采参数测定结果

钻孔	参　　数			
	浓度 /%	负压 /mmH$_2$O	压差 /mmH$_2$O	混合流量 /m^3·min^{-1}

（2）CWC3 型便携式瓦斯抽采多参数测定仪测定数据记录到表 2-9 中，并按照公式（2-20）计算抽采管路中标准状态下的混合流量，按照公式（2-21）计算标准状态下抽采管路中瓦斯的纯流量。

$$Q_b = \frac{(p_d - p_负) \times 293.15}{(273.15 + t) \times 101.33} \times Q_a \tag{2-20}$$

$$Q_c = C \times Q_b \tag{2-21}$$

式中，Q_a 为工作状况流量，m^3/min；Q_b 为标准状况流量，m^3/min；Q_c 为瓦斯流量，m^3/min；$p_负$ 为管道内气体负压，kPa；p_d 为测量地点的大气压；T 为管道内气体温度，$℃$；C 为管道内瓦斯浓度，%。

表2-9　煤层瓦斯抽采参数测定结果

钻孔	参　　数		
	浓度 /%	负压 /kPa	Q_b混合流量 /m³·min⁻¹

2.9　瓦斯抽采钻孔封孔实训

2.9.1　实训目的

（1）掌握瓦斯抽采钻孔的封孔方法、分类。

（2）掌握常用瓦斯抽采钻孔封孔技术的操作工艺。

2.9.2　钻孔封孔目的

封孔是指用各种不同的凝结材料或封孔器具将封孔装置固定在抽采钻孔或测压钻孔利用段的工作。主要目的如下：

（1）将瓦斯抽采管固定在钻孔初始端。

（2）通过封孔管将钻孔与抽采管路系统组成一个整体，以便抽采煤（岩）或采空区的瓦斯。

（3）通过严密封孔，达到"吸而不漏"的目的，保证钻孔抽采瓦斯的浓度和效果。

2.9.3　瓦斯抽采钻孔封孔方法分类

瓦斯抽采钻孔封孔方法主要有填料法和封孔器法两类，常见封孔方法有水泥砂浆封孔法、聚氨酯封孔法、胶圈封孔器法、胶圈-压力黏液封孔法、胶囊-压力黏液封孔法等。瓦斯抽采钻孔的封孔方法与瓦斯压力测定的封孔方法相同，可参考2.4节中的封孔测压方法。

2.9.3.1　聚氨酯封孔法

早在19世纪，德国就开始研发聚氨酯技术，之后美国、英国和日本等国家也开始发展此项技术。聚氨酯在我国的发展始于20世纪60年代初，抚顺龙凤矿、阳泉矿务局、阜新五龙矿等矿均对聚氨酯用于瓦斯抽采钻孔封孔进行过试验研究。聚氨酯封孔方法是将黑料（多元醇聚醚）和白料（多异氰酸酯）按照一定比例调配均匀后注入抽采钻孔，见表2-10和表2-11。经过一定时间后，聚氨酯开始发泡膨胀，在钻孔中产生1~2MPa的径向作用力，促使聚氨酯进入钻孔周边裂隙，从而实现对瓦斯抽采钻孔的封堵。

表 2-10 不同配比聚氨酯膨胀倍数和膨胀时间

配比	1∶0.7	1∶0.8	1∶0.9	1∶1.0	1∶1.1	1∶1.2	1∶1.3
膨胀倍数	5.0	6.4	7.2	8.5	9.0	8.2	7.5
膨胀开始时间 /min	2	2	2.5	3	4	7	6

表 2-11 不同配比聚氨酯透气性能

黑白料配比	1∶0.7	1∶0.8	1∶0.9	1∶1.0	1∶1.1	1∶1.2	1∶1.3
透气压力/MPa	0.9	1.2	1.35	1.47	1.56	1.7	1.72

常用的聚氨酯封孔需要人工将黑料和白料混合均匀，将其卷缠在瓦斯抽采管上的棉质材料或麻布片上，然后将卷缠封孔材料的瓦斯抽采管送入钻孔中；聚氨酯在钻孔中发泡、膨胀、凝固，最后密封钻孔（图 2-22）。聚氨酯封孔的优点是操作简单易行、发泡倍数高、轻度受压情况下不易变形。

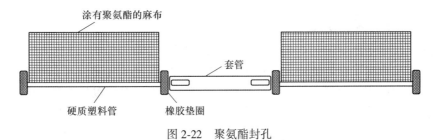

图 2-22 聚氨酯封孔

2.9.3.2 胶圈封孔器封孔法

封隔器封孔方式主要分胶圈和胶囊两种，如图 2-23 所示。其中胶圈封孔器原理为当压紧螺帽拧紧后，外套管发生相对运动压缩胶圈，促使胶圈发生径向位移，直至封堵抽采管与钻孔之间的环空空间；胶囊封孔器原理为通过外力挤压封孔胶囊使其膨胀，直至充满钻孔空间。部分学者也提出了充气式和注浆式囊袋封孔，前端连接充气或注浆装置，通过充气设备或注浆设备将囊袋充满直至完成封孔。其优点是封孔快速、操作过程简单等。

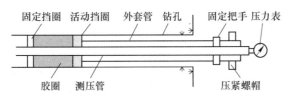

图 2-23 胶圈封孔器封孔法

2.9.3.3 "两堵一注"囊袋式带压封孔技术

"两堵一注"带压封孔法的原理是：先在封孔段的两端用袋装聚氨酯进行封堵，待聚氨酯发泡、膨胀并凝结后，再通过注浆管对两端聚氨酯封堵段之间的钻孔段进行注浆，在注浆压力的作用下，浆液向钻孔壁渗透并填充钻孔周边裂隙，实现抽采钻孔封孔，如图2-24 所示。

囊袋式注浆封孔法是"两堵一注"带压注浆封孔法的初期形式。囊袋式封孔装置采用2个囊袋封堵钻孔，2个囊袋间有1个出浆嘴。它的封孔原理是：利用注浆管向囊袋注浆，囊袋膨胀后，囊袋与钻孔壁紧密接触；当注浆压力超过注浆嘴的开启压力时，注浆嘴向2个囊袋之间的空隙注浆，浆液进入囊袋与钻孔壁的缝隙以及钻孔周边一定深度的煤体裂隙，从而实现抽采钻孔的封孔。"两堵一注"带压注浆方法的优点是实现了钻孔壁注浆，浆液固结后支护钻孔。从理论上讲，如果注浆压力足够大，浆液在膨胀力的作用下进入钻孔壁裂隙进行封堵，凝固后的注浆材料的膨胀力可以接近地应力，可以使钻孔封孔段周围形成高应力区，减少漏气通道，提高封孔段的密闭性。

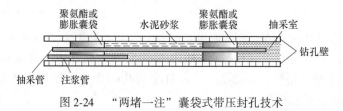

图2-24　"两堵一注"囊袋式带压封孔技术

2.9.3.4　二次封孔技术

二次封孔技术是由中国矿业大学周福宝及其团队于2007年首次提出，后经过长期的研发和工程试验取得了良好的抽采钻孔封孔效果。该封孔技术主要分两个阶段，如图2-25所示。第一阶段是将卷缠聚合发泡材料的抽采管送至巷道松动圈以外位置，抽采一定时间后，随着回采面的推进和地应力的综合作用，煤层会发生变形和蠕动位移，进而导致钻孔周边煤层的孔（裂）隙扩张、发育，外界空气由裂隙进入抽采管内，使得抽采浓度快速下降，即进入第二次封孔阶段。

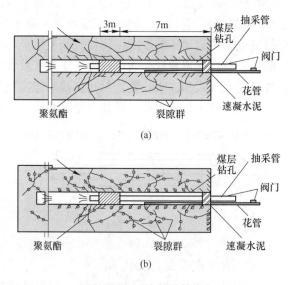

图2-25　二次封孔技术
(a) 第一次封孔阶段；(b) 第二次封孔阶段

第二阶段主要是利用高压空气（0.2~0.3MPa）将由水泥、黄泥、石灰、石膏粉和淀粉等细料按照一定比例混合的微细膨胀粉料吹入钻孔内，直至微细膨胀粉料充满钻孔与抽采管的环空空间，采用速凝水泥密封钻孔孔口，完成第二阶段封孔。混合配比后的封孔微细膨胀粉料在抽采负压作用下渗入钻孔周围的裂隙内，提高了裂隙封堵效果，降低了孔内漏风量，从而提高了瓦斯抽采浓度，改善了瓦斯抽采效果。

2.9.3.5 "一体化"封孔装置的研发和改进

现有封孔装置主要采用"两堵一注"的封孔工艺，通过改变堵头的密封性，更换或者提高现有封孔液的性能，通过外力设备提供压力注入的手段进行封孔。其整体封孔液与封孔装置为分离状态，整体操作要求高、施工复杂、成本较高，现场很难达到理论封孔要求。一体化封孔装置主体由内花管及镶套在其外面并可沿其滑动（直线式或可旋转式）的外花管再加上两端囊袋、抽采管上的搅拌片等组成。其囊袋和管内均装满自膨胀封孔料，并带有隔层，且保证囊袋内料反应速度远快于管内，待所有短节连接后，通过使用手柄带动搅拌片旋转，进而使隔层破碎，A、B料混合并随着搅拌片的搅动而均匀混合。通过拧紧螺母（或旋转开关），使外花管相对内花管滑动，从而使两层花管中的各孔连接，形成A、B料反应后流向钻孔的通道，完成封孔工作。一体化封孔装置如图2-26所示。

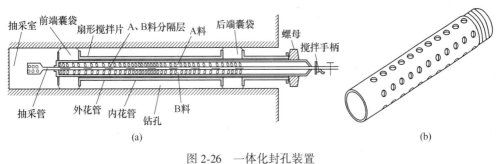

图 2-26　一体化封孔装置

(a) 装置整体剖面图；(b) 结构结果示意图

2.9.4 封孔质量要求

(1) 封孔要严密不漏气。煤体瓦斯要透过煤层内的孔隙、层理，经过很长的通道才能到达钻孔，钻孔口一段靠近钻场空气，如果封孔不严密，那么空气就很容易从孔口壁大量吸入抽采管道，瓦斯泵就在做很大的无用功，达不到抽采的目的。如果是测压孔封孔不严，就不能测出瓦斯的真实压力，甚至误导对瓦斯突出的判断。

(2) 封孔之前必须把孔内的煤屑粉末清除干净。

(3) 封孔要及时，特别是封孔段处于煤层不坚硬的地段，延迟封孔会造成封孔不严的后果。

(4) 封孔要速度快，特别是用聚氨酯封孔，必须从倒药到插入在5min内完成，要两人同时用力一插到位。

(5) 封孔应按操作规范进行。有的矿为提高采、掘工作面预抽钻孔的封孔质量，总结提出了适合自己的操作规范，使封孔既具有可操作性，又保证了封孔质量。

2.10　煤层透气性系数的测定与计算实训

2.10.1　实训目的

（1）掌握煤层透气性系数的物理意义和作用。
（2）掌握煤层透气性系数的测定方法与步骤。

2.10.2　钻孔径向流量法基本假设

（1）在钻孔瓦斯流动范围内，煤层均质且各向同性；
（2）钻孔垂直贯穿煤层，在瓦斯流场内煤厚不变；
（3）煤层顶、底板不漏气且不含瓦斯；
（4）钻孔前煤层瓦斯压力为原始瓦斯压力，钻开后为大气压；
（5）瓦斯在煤层中流动符合达西定律。

2.10.3　原理及方法

煤层透气性系数是表征煤层对瓦斯流动的阻力，反映瓦斯在煤层中流动难易程度的系数。

瓦斯在煤层中的流动基本符合达西定律，即瓦斯流量与煤层透气性系数、压力梯度成正比，数学表达式见公式（2-22）：

$$q = -\lambda \frac{\mathrm{d}p}{\mathrm{d}x} \tag{2-22}$$

式中，q 为比流量，即在 $1\mathrm{m}^2$ 断面上 $1\mathrm{d}$（天）通过的瓦斯量，$\mathrm{m}^3/(\mathrm{m}^2 \cdot \mathrm{d})$；$\lambda$ 为煤层透气性系数，$\mathrm{m}^2/(\mathrm{MPa}^2 \cdot \mathrm{d})$；$\frac{\mathrm{d}p}{\mathrm{d}x}$ 为与瓦斯流动一致方向上的压力梯度。

采用径向流量法测定煤层透气性系数的基本方法：向煤层施工尽量垂直且贯穿煤层（如不能贯穿则至少穿透 $3\mathrm{m}$）的穿层钻孔，封孔测定煤层瓦斯压力，待瓦斯压力上升到稳定的最高值后卸除压力表排放瓦斯，记录钻孔瓦斯自然流量和测定时间，结合实验室参数测定结果计算煤层透气性系数。

2.10.4　钻孔瓦斯流量测定

钻孔瓦斯流量测定步骤如下。
（1）测定前用气压计测定并记录巷道内大气压力值。
（2）煤层瓦斯压力稳定后，打开测压钻孔进行瓦斯自然排放，同时记录拆表时间。
（3）同一测点应测定煤层瓦斯压力测值最大钻孔的瓦斯流量，所有瓦斯压力测点均应测定钻孔瓦斯流量。
（4）打开测压钻孔后 $24\mathrm{h}$ 内应测定钻孔瓦斯流量不少于 3 次，首次测定应在打开测压钻孔排放瓦斯后且瓦斯呈自然涌出稳定态时进行（一般为自然排放瓦斯 $1\mathrm{h}$ 后），每 $1\mathrm{min}$ 记录 1 次瓦斯流量值，测定时间不小于 $5\mathrm{min}$，记录数值的平均值作为当次瓦斯流量测定值，瓦斯流量记录表见表 2-12。首次测定后间隔不大于 2h 进行第 2 次测定，第 2 次测定后再间隔不大于 2h 进行第 3 次测定；当发现瓦斯流量衰减较快时，应缩短测定的间隔时间、增加测定次数；第 4 次与首次测定间隔时间不大于 24h，之后测定时间间隔按照第 4 次测定时间间隔以此类推，直至瓦斯流量测定值的变化率小于 10% 或稳定为止。

表 2-12 钻孔瓦斯流量测定记录表

钻孔地点	钻孔编号	钻孔参数			拆表时间 日 时 分		
		方位/(°)	倾角/(°)	钻孔长/m			

打开测压钻孔 24h 内测定记录

第一次测定			第二次测定			第三次测定		
时间 日 时 分	瓦斯流量 /mL·min⁻¹	平均值 /mL·min⁻¹	时间 日 时 分	瓦斯流量 /mL·min⁻¹	平均值 /mL·min⁻¹	时间 日 时 分	瓦斯流量 /mL·min⁻¹	平均值 /mL·min⁻¹

打开测压钻孔 24h 后测定记录

时间 日 时 分	瓦斯流量 /mL·min⁻¹	平均值 /mL·min⁻¹
时间 日 时 分	瓦斯流量 /mL·min⁻¹	平均值 /mL·min⁻¹
时间 日 时 分	瓦斯流量 /mL·min⁻¹	平均值 /mL·min⁻¹

……

测定人员		审核	

（5）最后一次瓦斯流量的测定值作为本测点计算透气性系数的瓦斯流量值。

（6）当上向孔或水平钻孔有水流出时，应采取气水分离措施，确保瓦斯流量测定的准确性；下向孔有积水时，该钻孔作废。

2.10.5　计算方法

2.10.5.1　计算公式

煤层透气性系数 λ 按式（2-23）进行试算并确定：

$$\begin{bmatrix} F_0 = 10^{-2} \sim 1 & \lambda = A^{1.61}B^{1/1.64} \\ F_0 = 1 \sim 10 & \lambda = A^{1.39}B^{1/2.56} \\ F_0 = 10 \sim 10^2 & \lambda = 1.1A^{1.25}B^{1/4} \\ F_0 = 10^2 \sim 10^3 & \lambda = 1.83A^{1.14}B^{1/7.3} \\ F_0 = 10^3 \sim 10^5 & \lambda = 2.1A^{1.11}B^{1/9} \\ F_0 = 10^5 \sim 10^7 & \lambda = 3.14A^{1.07}B^{1/14.4} \end{bmatrix} \tag{2-23}$$

其中 A、B、X 和 F_0 分别用式（2-24）~式（2-27）计算：

$$A = \frac{Q}{2\pi L \cdot (p^2 - p_0^2)} \tag{2-24}$$

$$B = \frac{4tp^2}{X\gamma r_1^2} \tag{2-25}$$

$$X = \frac{abp}{1 + bp} \times \frac{100 - A_{ad} - M_{ad}}{100} \times \frac{1}{1 + 0.31M_{ad}} + \frac{10\varphi p}{\gamma} \tag{2-26}$$

$$F_0 = B\lambda \tag{2-27}$$

式中，λ 为煤层透气性系数，$m^2/(MPa^2 \cdot d)$；F_0 为时间准数，无因次量；Q 为钻孔瓦斯流量测定结果，m^3/d；L 为钻孔煤孔段长度，m；p 为煤层瓦斯压力（绝对压力），MPa；p_0 为钻孔内排放瓦斯时的瓦斯压力，即巷道中的大气压力，MPa；t 为从钻孔开始排放瓦斯到瓦斯流量测定结束时的时间间隔，d；X 为煤层瓦斯含量，m^3/t；γ 为煤的容重（视相对密度），t/m^3；r_1 为钻孔半径，m；a 为瓦斯吸附常数，指煤的可燃质饱和吸附量，cm^3/g；b 为瓦斯吸附常数，MPa^{-1}；A_{ad} 为灰分，$\%$；M_{ad} 为水分，$\%$；φ 为孔隙率，$\%$。

2.10.5.2　计算步骤

煤层透气性系数计算可以采用人工试算法，也可以采用计算机程序实现，人工试算法步骤如下：

（1）计算透气性系数时，首先选用式（2-24）~式（2-26）计算出 A、B 值；

（2）采用试算法，即先选用式（2-23）中任何一个公式计算出 λ 值，再将这个 λ 值代入式（2-27）中算出 F_0；

（3）如果算出的 F_0 符合所选公式的 F_0 值适用范围，则选用的公式正确，算出的 λ 值为该测点透气性系数；

（4）如果算出的 F_0 不在所选公式范围内，则根据算出的 F_0 值选其所在范围的公式重新进行计算，直至 F_0 值在所选公式范围为止。

2.10.5.3　煤层透气性系数的确定

测定区域的煤层透气性系数，以所有测点的透气性系数按测值区间给出。

2.11　粉尘浓度测定实训

2.11.1　实训目的

（1）掌握粉尘浓度的测定方法。

（2）掌握滤膜法测定粉尘浓度的步骤。

2.11.2　矿尘浓度测定原理

目前对矿尘浓度的表示方法有两种：一种以单位体积空气中粉尘的颗粒数表示（粒/cm^3），即计数表示法；另一种以单位体积空气中粉尘的质量表示（mg/m^3），即计重表示法。我国以质量浓度为测尘标准，采用滤膜法测尘。以此作为检查工作场所是否符合卫生标准以及作为鉴定生产工艺及通风防尘措施效果的依据，该法一般用在常温、常压场合，室外大气及劳动环境中含尘浓度的测定方法与此相同。

滤膜法测尘的原理是：以抽气装置做动力，抽取一定量的含尘空气，使其通过装有滤料的采样器，滤料将矿尘截留下来，然后根据滤膜所增加的质量与通过的空气量计算出矿尘浓度，见式（2-28）：

$$G = \frac{m_2 - m_1}{Q \times t} \times 1000 \tag{2-28}$$

式中，G 为矿尘浓度，mg/m^3；m_1 为采样前滤膜的质量，mg；m_2 为采样后滤膜的质量，mg；Q 为流量计读数，L/min；t 为采样时间，min。

2.11.3　实训仪器设备

滤料、集尘器、采样器（图2-27）、分析天平、镊子、胶皮管，干燥箱或干燥剂（氯化钙或硅胶）、秒表等。

图2-27　采样器结构示意图及外观

2.11.4　测定步骤

（1）滤膜的准备：从干燥皿中取出待用滤膜五片（备用滤膜要事先放在干燥皿内干

燥），用镊子取下两面衬纸，用万分之一天平分别称重（滤膜初重，35～45mg），在实验记录上记好每片滤膜初重，将称好的滤膜用滤膜夹夹好，放入编号的滤膜盒内备用。

（2）装滤膜，扭下滤膜夹的固定盖，将滤膜中心对准滤膜夹的中心，铺于锥形环上，套好固定盖，将滤膜夹紧，倒转过来将螺丝底座拧入固定盖，放入样品盒中备用。

（3）取样，将滤膜夹放入采样漏斗内，盖好顶盖，并拧紧。将采样器连接于流量计和抽气装置，采样器应置于产尘箱采料口。开动采样器，调节流量计到20～30mL，流量根据发尘浓度、采样时间确定，在采样过程中始终保持此采样流量。采样结束后，关闭仪器，取出滤膜夹，使受尘面向上装入样品盒内，准备称重。

注：在矿井内实测时，其采样地点应选择在工人经常工作地点的吸气带或根据测尘目的而选择采样地点。工作面采样时，地点应选在距工作面4～5m处，这样工人生产和采样互不影响。集尘器的安设高度为1.3～1.5m为宜。流量和采样时间一般根据井下矿尘浓度的估算值来确定，流量一般在15～30L/min内选择，采样空气量不少于1m³。采样时间应根据工作面矿尘浓度估算和滤膜上矿尘增重最低值来确定：

$$t = \frac{矿尘增重最小值(mg) \times 1000}{工作面矿尘浓度估算值(mg/m^3) \times 流量(L/min)} \tag{2-29}$$

（4）称重，样品取回后从滤膜夹内取出，将含尘一面向里折2～3折，滤膜放入干燥箱内在105℃范围内连续干燥2h称重一次，如滤膜表面有小水珠，则置于干燥箱内。每隔30min称重一次，直至最后两次的质量差不超过0.2mg。

（5）两个平行样品经过烘干处理后，其差值小于20%为合格。平行样品的差值按下式计算：

$$\Delta g = \frac{\Delta G}{\dfrac{G_1 + G_2}{2}} \times 100\% < 20\% \tag{2-30}$$

式中，ΔG 为平行样品计算的结果差，mg/m^3。G_1，G_2 为两个平行样品的计算结果，mg/m^3。

（6）计算粉尘浓度。

$$G = \frac{G_1 + G_2}{2} \tag{2-31}$$

2.11.5　数据处理与结果分析

测定结果记录见表2-13。

表2-13　实验数据记录表

测点	膜号	初重/mg	末重/mg	增重/mg	流量/L·s⁻¹	时间/min	采样体积/m³	含尘浓度/mg·m⁻¹

2.12　矿尘分散度测定实训

2.12.1　实训目的

（1）掌握分散度的含义及分类。

（2）掌握分散度的测定方法及步骤。

2.12.2　测定原理

采样后将滤膜溶解于有机溶剂中，形成粉尘粒子的混悬液，制成涂片标本，在显微镜下测量和统计粉尘的大小及数量，计算不同大小粉尘颗粒的百分比。

2.12.3　实训仪器

生物显微镜，显微镜，小烧杯或小试管，小玻璃棒，滴管，乙酸丁酯或乙酸乙酯。

2.12.4　测定步骤

2.12.4.1　采样

（1）将采有粉尘的过氯乙烯纤维滤膜放入小烧杯或试管中，用吸管或滴管加入乙酸丁酯 1~2mL，用玻璃充分搅拌，制成均匀的粉尘悬液，立即用滴管吸取一滴置于玻璃片上，用另一载物玻片成 45°角推片，均匀涂布，待自然挥发成透明膜，贴上标签，注明编号、采样地点、日期。

（2）镜检时如发现涂片上粉尘密集而影响测定时，可再加适量乙酸丁酯稀释，重新制备标本。

（3）制好的标本应保存在玻璃平皿中，避免外界粉尘的污染。

（4）样片上的粉尘不宜太浓，否则，颗粒分散不好，不易观测。

（5）目镜测微尺的标定。目镜测微尺是一标准尺度，其总长为 1mm，分为 100 等分刻度，每一分度值为 0.01mm，即 10μm，如图 2-28 所示。将待定的目镜测微尺放入目镜镜筒内，物镜测微尺置于载物台上，先在低倍镜下找到物镜测微尺的刻度线，移至视野中央，然后换成 400~600 倍放大倍率，调至刻度线清晰，移动载物台，使物镜测微尺的任一刻度线与目镜测微尺的任一刻度线相重合。然后找出再次重合的刻度线，分别数出两种测微尺重合部分的刻度数，计算出目镜测微尺一个刻度在该放大倍数下代表的长度。计算目镜测微尺每刻度的间距（μm）见下式：

$$L = \frac{a}{b} \times 10 \tag{2-32}$$

式中，a 为物镜测微尺刻度数；b 为目镜测微尺刻度数。

如目镜测微尺的 45 个刻度相当于物镜测微尺 10 个刻度，已知物镜测微尺一个刻度为 10μm，则目镜测微尺一个刻度为 $10 \times 10/45 = 2.2$（μm），如图 2-29 所示。

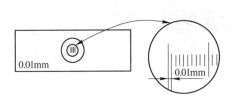

图 2-28   物镜测微尺

图 2-29   目镜测微尺的标定图

（6）标本的测定与计数。取下物镜测微尺，将粉尘标本片放在载物台上，先用低倍镜找到粉尘粒子，如图 2-30 所示，然后在标定目镜测微尺时所用的放大倍率下，用目镜测微尺测量每个粉尘粒子的大小，移动标本，使粉尘粒子依次进入目镜测微尺范围，遇长径量长径，遇短径量短径，测量每个尘粒。每个标本至少测量 200 个尘粒，算出百分数，如图 2-31 所示，并进行记录。

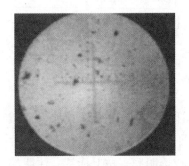

图 2-30   视野中的粉尘颗粒

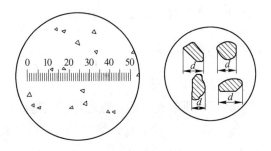

图 2-31   粉尘分散度的测定

2.12.4.2   注意事项

（1）根据实际需要将粉尘粒径范围划分为几个粒径区间，常采用 <2μm；2~5μm；5~10μm；10~20μm；>20μm 五个区间。

（2）标本的计数。计数时用血球分类计数器分档排列，如测出 1 颗 2μm 以下的粉尘，即按第一档 1 次；1 颗介于 2~5μm 的粉尘，即按第二档 1 次；依此类推。

（3）凡在刻度尺覆盖范围内的尘粒要逐一计测。用粒子计数器记录每一粒级粒子的颗粒数，填入实验记录。如刻度尺覆盖的粒数不足 200 粒，可向一个方向移动样片，继续计测，达到粒数为止。大颗粒粒子由于出现次数较少，易造成测定误差，可多测几个定面积视野再取其平均值。

（4）镜检时应无选择地按顺序逐个测量，并在标本移动方向不变的条件下，遇长径测量长径遇短径测量短径，不可图省事只数大颗粒。

2.12.5   测定记录及计算

在质量分散度计算时，在每一粒径区间均取其粒径平均值作为该区间的代表粒径。在小于 2μm 区间，因为一般显微镜最小只能观测到 0.5μm，其代表粒径可定为 1.25μm；在大于 20μm 区间，如数量很少即不再划分，代表粒径可定为 20μm。如大颗粒较多，视其具体情况确定。按表 2-14 计算颗粒分散度和质量分散度。

表 2-14 分散度记录表

样品编号	粉尘粒径/μm									
	<2		2~5		5~10		10~20		>20	
	粒数/个	占比/%	粒数/个	占比/%	粒数/个	占比/%	粒数/个	占比/%	粒数/个	占比/%

2.13 通风机性能测定实训

2.13.1 实训目的

（1）学会通风机主要工作参数风量 Q、风压 p、轴功率 N、转速 n 的实验测定方法。

（2）掌握绘制风机特性曲线的方法（包括 p-Q 曲线，p_{st}-Q 曲线，N-Q 曲线，η-Q 曲线）。

（3）掌握风机特性测定方法，理解风机风压、功率与效率同风量的关系。

2.13.2 仪器设备

本实训采用进气管实验法，装置分别如图 2-32 和图 2-33 所示。

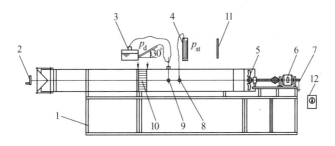

图 2-32 轴流式风机实验装置示意图

1—支架；2—风量调节手轮；3—微压计；4—U 形压力计；5—轴流式通风机；6—电动机；
7—平衡电机力臂；8—静压测压孔；9—比托管及测压孔；10—整流栅板；11—温度计；12—转速表

风管主要由测试管路，节流网、整流栅等组成。空气流过风管时，利用集流器和风管测出空气流量和进入风机的静压 p_{est_1}，整流栅主要是使流入风机的气流均匀。节流网起流量调节作用。在此节流网位置上加铜丝网或均匀地加一些小纸片可以改变进入风机的流

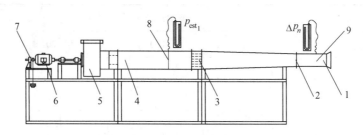

图 2-33　离心式风机实验装置示意图

1—进口集流器；2—节流网；3—整流栅；4—风管；5—被测风机；6—电动机；

7—测力矩力臂；8，9—测压管

量。电动机 6 用来测定输入风机的力矩，同时测出电机转速，就可得出输入风机的轴功率。

2.13.3　实训原理

反映通风机工作特性的基本参数有通风机的风量 Q、风压 H、功率 N 和效率 η。各工况点时通风机的风压、功率和效率随风量变化而变化的关系曲线，称为通风机的个体特性曲线。通风机性能测定，就是使风机在一定转速下，通过改变其工作风阻，使其工况点变化，测定相关参数，并绘制其关系曲线。如图 2-32 所示，空气经过调节风阀 2 进入风管，在整流格栅 10 后部用毕托管 9 和倾斜式微压计 3 测试管内动压 p_d，然后得出断面平均流速 V 和风量 Q。

用 U 形测压计测定风机进口负压 p'_{st}，然后得出风机静压 p_{st}。

用平衡电动机 6 及平衡电机力臂测定轴功率 N。

风机效率 η 是计算得出的，由测定的流量 Q、风压 p 和轴功率 N 用下列公式算出。

$$\eta = \frac{p \times Q}{1000N} \qquad (2-33)$$

式中，p 为风机全压，Pa；Q 为风机风量，m^3/s；N 为轴功率，kW。

为了测定风量 Q，将风管断面分成 5 个等面积的圆环，分别测定各圆环的动压值，p_{di} 测点位置、测点半径 r_1 如图 2-34 所示。

在横向（或纵向）共测定 10 个点的动压 p_{di}。

$$p_{di} = \frac{l_i}{1000} \rho_0 g \sin\alpha \qquad (2-34)$$

式中，l_i 为倾斜式微压计读值，mm；$\sin\alpha$ 为倾斜式微压计倾角正弦；ρ_0 为倾斜式微压计内酒精密度，kg/m^3，一般可取 $\rho_0 = 800kg/m^3$；g 为重力加速度，m/s^2。

然后将测得的动压按下式进行平均。

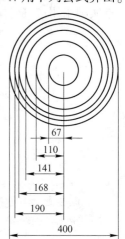

图 2-34　p_{di} 测点位置、测点半径

$$p_d = \left[\frac{\sqrt{p_{d1}} + \sqrt{p_{d2}} + \cdots + \sqrt{p_{d0}}}{10} \right]^2 \tag{2-35}$$

由平均动压 p_d 计算断面平均流速 v。

$$v = \sqrt{\frac{2p_d}{\rho}} \tag{2-36}$$

式中，ρ 为空气密度（由测定的空气温度查出），kg/m^3，20℃空气，$\rho = 1.205 kg/m^3$。

风量 Q 由断面平均风速 v 和风管截面积 A 算出。

$$Q = vA = v \frac{\pi D^2}{4} \tag{2-37}$$

式中，D 为圆截面风管直径。

风机静压由风机进口 U 形测压计测得的进口负压算出：

$$p_{st} = p'_{st} + \Delta \tag{2-38}$$

式中，p_{st} 为进口负压值，Pa，U 形管内装水，测得的是毫米水柱（mmH_2O），须将其换算成 Pa，$1mmH_2O = 9.81Pa$；Δ 为静压测点至风机入口处的损失值，按标准规定取 $\Delta = 0.15p_d$。

风机全压 p 为静压与动压 p_d 之和。

$$p = p_{st} + p_d = p'_{st} + 1.15p_d \tag{2-39}$$

风机轴功率 N 用平衡电机测定。

$$N = \frac{2\pi n L (G - G_0)}{60 \times 1000} \tag{2-40}$$

式中，N 为轴功率，kW；n 为风机转速，r/min；L 为平衡电机力臂长度，m；G 为风机运转时的平衡重量，N；G_0 为风机停机时的平衡重量，N。

最后由测得的轴功率 N、风量 Q 和全压 p 用式（2-40）计算风机效率 η。

2.13.4 实训步骤

（1）按实验数据记录表（表2-15）的要求记录实验常数和仪器常数。

（2）按实验装置图（图2-32 或图2-33）接好各个实验设备和测试仪器（电源、微压计和毕托管系统，U 形测压计，平衡电机系统等）。

（3）将调节阀门调至全开状态，启动电机，记录各项实验数据。

（4）逐渐关小阀门开度，每调节一次阀门称为一个工况，记录每个工况所有的实验数据，至少要做7~8个工况。

（5）更换叶轮（每个叶轮的出口构造角 β_2 是不同的），重复步骤1、2、3、4测得另一种叶轮出口构造角的风机特性曲线。

2.1.3.5 实验结果处理

（1）在实验过程中按表2-15记录各项实验数据。

（2）将数据绘制成 p-Q、p_{st}-Q、N-Q 和 η-Q 曲线。

表 2-15　参数记录表

序号	风机风压/Pa	风机风量		电动机电压/V	电动机电流/A	电动机功率因数	温度/℃		大气压力/Pa	空气密度/kg·m⁻³
		出风口面积/m²	出风口风速/m·s⁻¹				t_g	t_s		
1										
2										
3										
4										
5										

2.14　矿井通风阻力测定实训

2.14.1　实训目的

（1）了解通风系统中的阻力分布情况，发现通风阻力最大区段，为改善通风提供依据。

（2）提供实际的摩擦阻力系数，为新区通风设计提供依据。

（3）掌握用压差计法和气压计法测定矿井通风阻力的方法。

（4）为均压防灭火设计、矿井通风自动化提供依据。

（5）为灾变时拟定风流控制方案提供依据。

2.14.2　实训仪器设备

补偿式微压计（U 形水柱计，压差计）；胶皮管（内径 4~6mm）300m~500m；皮托管两支；高、中、微速风表各一块，秒表一块；湿度计一台；气压计一个；皮尺（20~30m）一根；直通管等。

2.14.3　实训原理

2.14.3.1　压差计法

用压差计和皮托管测定井巷通风阻力的布置方式如图 2-36 所示；在测点 m 和 n 安设皮托管，用胶皮管分别将两个皮托管上的静压接在压差计上，此时压差计的读数值应为两点的静压差和位压差之和，分析如下：

从图 2-35 可知，皮托管将 m 点的绝对静压接受过来并经胶皮管传到压差计右侧液面上，由于胶皮管内空气柱的压力作用，其压力要减少 $(z + \Delta z)\rho$，所以右侧液面所受的压力为：

$$p_右 = p_m - (z + \Delta z)\rho' \tag{2-41}$$

同理，压差计左侧液面所受的压力：

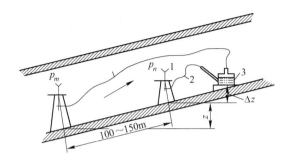

图 2-35　压差计法测定布置示意图
1—皮托管；2—传压胶皮管；3—压差计

$$p_左 = p_n - \Delta z \rho \qquad (2\text{-}42)$$

压差计液面上升高度就是两液面上的压力差所造成的，故：

$$L_读 K = (p_m - z\rho' - \Delta z\rho') - (p_n - \Delta z\rho') = (p_m - p_n) - z\rho' \qquad (2\text{-}43)$$

式中，p_m 为测点 m 的空气绝对静压，Pa；p_n 为测点 n 的空气绝对静压，Pa；z 为两测点的高差，m；ρ 为胶皮管中的空气密度，kg/m^3。

测定时，如果胶皮管中空气的温度和巷道中空气的温度一致，即 $\rho' = \rho$，那么 $z\rho' = z\rho$，由此可得：

$$L_读 K = (p_m - p_n) - z\rho' = (p_m - p_n) - z\rho \qquad (2\text{-}44)$$

根据伯努利方程式，测点 m 和 n 间的通风阻力应为：

$$h_{z,\,m-n} = (p_m - p_n) + (z_m\rho_m - z_n\rho_n) + \left(\frac{v_m^2}{2g}\rho_m - \frac{v_n^2}{2g}\rho_n\right)$$

$$= (p_m - p_n) - z\rho + \left(\frac{v_m^2}{2g}\rho_m - \frac{v_n^2}{2g}\rho_n\right) \qquad (2\text{-}45)$$

对照上述两式可知，只要 $\rho' = \rho$，则

$$h_{z,\,m-n} = L_读 K + \left(\frac{v_m^2}{2g}\rho_m - \frac{v_n^2}{2g}\rho_n\right) \qquad (2\text{-}46)$$

式中，$L_读$ 为压差计读数，毫米水柱；K 为压差计校正系数；v_m、v_n 为两测点上的平均风速，m/s；ρ_m、ρ_n 为两测点的空气密度，kg/m^3。

式（2-46）就是用皮托管和压差计测定通风阻力计算式，还要用风表测定两点的平均风速，同时测量巷道的气压、温度、湿度，以计算空气密度。

具体测定的做法是，从第一个测点开始，在前后两测点处各设置一个静压管（或皮托管），在后测点的下风侧 6~8m 处安设压差计，将压差计调整水平并调零，长胶皮管的一端接 m 点的静压管（或皮托管的静压端），另一端接在压差计的"+"接管上；短胶皮管一端接 n 点的静压管，另一端接在压差计的"-"接管上，此时待压差计液面稳定后可读数。如果液面波动，可连续读几个数求平均值。

在测定压差的同时，其他小组应进行风速、大气条件和巷道几何参数的测量。

2.14.3.2　气压计法

气压计法是用恒温气压计或精密气压计测定两点间的绝对静压差，再加上两测点的位压差、速压差以计算通风阻力。

用精密气压计法测算通风阻力，是气压计法中的一种方法。绝对静压差由数值显示的精密气压计来测定。

使用矿用气压计测定通风系统阻力及分布，可分 3 个步骤进行：

（1）按通风系统拟定测定路线，进行实地调查，布置测点，并从地测图上查出各测点标高；

（2）通风系统实测；

（3）根据实际测量数据，进行数据整理，计算各测点间的各区段通风阻力值。

在井下用微气压计实际测定，大致可分为两种方法，即同时法与基点法。

（1）同时法。将两台气压计带入井下，在同一地点读取气压计的读数，确定读数系统差，然后二人分别进入 A 点与 B 点，在同一时刻测定两点气压，并且测定风速和温度、湿度，依次序测完通风系统内选定的线路，将数据列入表内，出井后进行数据处理。

两点间的大气压力差为：

$$p_A - p_B = (p_{Ad} - p_{Bd}) - (p'_A - p'_B) \tag{2-47}$$

式中，p_{Ad}、p_{Bd} 为测点 A 与 B 在同一时刻的气压计读数差，Pa；p'_A、p'_B 为两台气压计在同一地点同一时刻的读数，Pa；$p'_A - p'_B$ 为在测点 A 与测点 B 两台气压计读数系统差校正，Pa。

$$p_A - p_B = 10.2 \times [(p_{Ad} - p_{Bd}) - (p'_A - p'_B)] \tag{2-48}$$

根据式（2-47），两点间的全压差为：

$$h_q = 10.2 \times [(p_{Ad} - p_{Bd}) - (p'_A - p'_B)] + \frac{\rho_A + \rho_B}{2}\Delta H + \frac{\rho_A v_A^2 + \rho_B v_B^2}{2g} \tag{2-49}$$

式中，ρ_A、ρ_B 分别为 A、B 两测点的空气密度，kg/m³；v_A、v_B 分别为 A、B 两测点的平均风速，m/s；g 为重力加速度，9.8m/s²。

因此可知，用同时法测定全压差时，数据处理包括两测点的气压计读数差，两台气压计读数差校正，高程差校正和动压差等项。

（2）基点法。这种方法只需带一台气压计到井下，测定者顺着测定路线在各测点读取气压计读数，并测取温度与风速。由于各测点不能同一时刻测定，而地表大气压力又是时刻变化的，因此需在地面井口或井底车场设一基点，放置另一台气压计，以监测大气压力的变化，并随时记录仪器的读数。

在井下巡回测定者，应准确记下读取气压计读数的时刻，最后到井上进行数据处理。两点间的大气压力差为：

$$p_A - p_B = (p_{Ad} - p_{Bd}) - (p''_A - p''_B) \tag{2-50}$$

式中，p_A、p_B 分别为测定 A、B 点大气压时刻的基点大气压力，Pa；$p''_A - p''_B$ 为基点大气压力变动校正，Pa。

因此两点间的全压差为：

$$h_q = 10.2 \times [(p_{Ad} - p_{Bd}) - (p''_A - p''_B)] + \frac{\rho_A + \rho_B}{2}\Delta H + \frac{\rho_A v_A^2 + \rho_B v_B^2}{2g} \tag{2-51}$$

从式（2-51）看出：用基点法测定全压差时，全压差包括两测点间的气压计读数差 $10.2\times[(p_{Ad}-p_{Bd})-(p''_A-p''_B)]$、高程差校正 $\left(\dfrac{p_A+p_B}{2}\Delta H\right)$ 与动压差 $\left(\dfrac{\rho_A v_A^2+\rho_B v_B^2}{2g}\right)$ 等三项。静压差及全压差为正值时，风向与巡回方向相同，为负值时，巡回方向相反。

同时法是在同一时刻测定某一区间两端的气压不需要校正大气压力的变动。通风系统的某些变动对其影响较小。基点法是在不同时刻测定某一区段两端的气压，通风系统的短暂风波动，可能引起较大误差。

注：空气密度的求算：按 $\rho=0.416p/T$（kg/m^3）计算，p 为大气压力，Pa，T 为绝对温度，$273+t$，K。

2.14.3.3 两种方法对比

压差计法精确性高，地面计算工作量小，但井下工作量大，需要人员多，费时。

气压计法测定简便、快速，但精度差，受标高和地面大气压变化影响。

2.14.4 测定路线的选择

测定路线的选择应根据测定目的确定。

（1）若为全矿通风系统改造，则各系统都需测定。每个系统至少测一条从进风井口到回风井口风硐内 U 形水柱计承压点为止的完整线路。

（2）若为解决某一翼通风问题，只需测该翼的一条完整线路。

（3）若为新区（采区、水平）通风设计提供依据，只需测定不同支护形式的摩擦阻力系数。

（4）若为了解某局部区域的阻力，如均压地区、风硐、风门、风桥、冒顶区段、回风段，只需测定该区域。

2.14.5 测点布置

（1）两侧点间的压差不小于 20Pa。

（2）测点应在分风点或合风点前（或后）处，在分风点前方（进风侧）不小于巷宽 3 倍，在分风点后方（回风侧）不得小于巷宽 8 倍。

（3）测点前后 3m 内支护良好，无障碍物。

（4）测段长度一般为 100～300m。

2.14.6 实训步骤

（1）在管网系统中，在风道内选择某一测段，将单管压差计调平，分别在该测段的进风侧和回风侧两个测点放置皮托管，用胶皮管将测点皮托管中的静压管分别接到压差计的"+""−"两端，测算出该测段两断面间风流的势能差。

（2）用皮托管和压差计分别测出各断面的平均动压并计算各断面的风量。

（3）用皮尺和小钢尺量出测段长度和各断面的断面积、周长。

（4）测算实验条件下的气压、温度、相对湿度，计算空气密度，进而计算各测段通风阻力、风阻、摩擦阻力系数。

（5）可根据实验装置选择多个测段。

2.15　煤自燃倾向性测试实训

2.15.1　实训目的

（1）了解 ZRJ-1 型煤自燃倾向性测定仪的工作原理和基本构造。

（2）掌握基于吸氧量法的煤自燃倾向性测定步骤和方法。

2.15.2　仪器设备

ZRJ-1 型煤自燃倾向性测定仪，分析天平（精度 0.0001g），钢瓶氧气和氮气（纯度要求均为 99.99%），煤样粉碎机，标准分析筛（规格：0.147mm），专用样品管等。

煤自燃性测定仪主机分析单元分为吸附柱恒温箱、检测器及其恒温箱和气路控制系统三个部分。

（1）吸附柱恒温箱。为保证箱内温度均匀，选用调整风扇达到热风强制式循环的目的。

（2）热导检测器及其恒温箱。

1）热导检测器。热导检测器是目前气相色谱法中应用最广泛的一种检测器，用于煤自燃性测定中对煤吸氧量的测定。热导检测器的检测原理是基于载气中混有被测组分时，其热导系数发生变化，变化的差异则为热导池的敏感元件所感受。

2）恒温箱。热导检测器恒温箱的作用是保证热导池具有一个良好的工作环境。

（3）气路控制系统。气路流程：气路系统共有三路，即载气（第一路）、吸附气（第二路）及混合气（第三路），如图 2-36 所示。

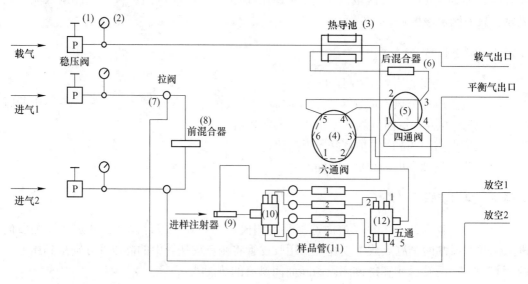

图 2-36　气路系统示意图

2.15.3　实训原理

煤自燃倾向性色谱吸氧测定法是以煤在低温常压下对氧的吸附属于单分子物理吸附状

态为理论基础，按朗缪尔单分子层吸附方程，用双气路流动色谱法测定煤吸附流态氧的特性，以煤在限定条件下，测定其吸氧量，以吸氧量值作为煤自燃倾向性分类主指标。

大量的试验研究表明，煤在低温常压下对氧的吸附符合朗缪尔（Langmuir）提出的吸附规律，在实验中应满足下述条件：（1）固体表面是均匀的，也即对某一单组分的煤粒可以认为其表面是均匀的，因此将每个组分颗粒的 Langmuir 吸附值叠加，可使煤的 Langmuir 吸附从总体上符合 Langmuir 吸附规律；（2）被吸附分子间没有相互作用力；（3）吸附为单分子层吸附；（4）在一定条件下，吸附与脱附之间可以建立动态平衡，从而可以按单分子层吸附理论推导出的 Langmuir 吸附方程计算吸附量。

2.15.4 实训步骤

2.15.4.1 仪器常数测定

A 样品管的连接

将四支已经标定体积的空样品管，分别链接 1、2、3、4 气路上，并检查无漏气。

B 供气及供电

打开氮气和氧气钢瓶，给定低压为 0.4MPa 测流速：用皂膜流量计分别测定载气氮和吸附气氧的流速。将六通阀置于脱附位置，分别打开各路的切换开关，依次测定各路载气氮和吸附气氧的流速，N_2：（30±0.5）cm^3/min；O_2：（20±0.5）cm^3/min。

通电：打开主机、打印机电源开关，相应指示灯亮。

C 选择测定条件

设定【柱箱温度】30℃，【衰减】1，先选择【热导温度】80℃，【桥温】70℃，待温度稳定后，按【启动】键，走基线。

调基线：打开任一路切换开关，其他三路置于关闭状态，用面板上"调零旋钮"依次将各路基线调至一定位置（离打印机零点标准线 10~20mm 处），半小时内基线漂移应不大于 0.3mV，按【停止】键，停止走基线。

将六通阀置于吸附位置，同时启动秒表计时，吸附 5min 后，将六通阀置于脱附位置，同时按【启动】键，打印机绘制谱图及打印脱附峰面积；改变热导和桥温参数值，使各路单位体积峰面积值在 200000~230000 积分单位范围内，此峰面积为相应样品管体积和连接管（样品管与六通阀之间以及六通阀内体积）的总体积之和。

D 测定步骤

（1）扣除气路中的死体积。准备工作就绪后，打开第一路开关阀（测定第一路的仪器常数），其他三路关闭。将六通阀置于吸附位置，吸附 5min 后，关闭第一路，立即打开另一路（如第二路），同时将六通阀置于脱附位置，按【启动】键，绘制色谱峰和打印峰面积。此峰面积为仪器气路中死体积相应的峰面积，其数值仅与操作条件有关，不参与仪器常数的计算，不必记录。

（2）样品管相应峰面积测定。打印结束后（注意：此时六通阀在脱附位置），立即关闭打开的第二路，打开第一路，再次按【启动】键，绘制色谱峰和打印峰面积值。此峰面积值即为相应样品管的峰面积值，是仪器常数计算的依据。

按此方法重复测定 5~10 次，得到第一路与第二路相关的测定值，以同样的方法测定第一路和第三路、第四路相关的测定值，计算相应的平均值后求得第一路的仪器常数。其他各路仪器常数的测定方法按同样的操作测定。

（3）设定仪器常数计算的有关参数，直接得到仪器常数的测定结果。

2.15.4.2　吸氧量测定

A　煤样预处理

（1）煤样水分影响进一步粉碎时，自然干燥后将全部煤样破碎至 10mm 以下，用堆锥四分法缩分至 100~150g，用于制备分析用煤样，其余煤样按原包装密封后封存，作为存查煤样。

（2）煤样粉碎时，必须使 100~150g 分析煤样全部粉碎至粒度小于 0.15mm，并要求 0.1~0.15mm 的粒度应占 70% 以上，粉碎后的煤样装入 250mL 的广口瓶中密封保存，并在 30d 内完成各项测定。

（3）称取四份（1.0±0.01）g 分析煤样，分别装入四支样品管内，在管的两端再塞少量玻璃棉，安装在相应气路连接处。

（4）煤样水分处理。将六通阀置于脱附位置，四路开关阀全部打开，通氮气，用稳压阀将流量调至 40cm³/min（用皂膜流量计测量），稳定 10min 后，启动仪器，将柱箱温度设定为 105℃，热导温度设为 25℃，待温度稳定后保持恒温（如 85℃），温度稳定后开始做吸氧量测定。

B　吸氧量的测定

（1）测定第一路的吸氧量，关闭其他三路，六通阀置于脱附位置，通氧气，用温压阀分别调节氮气和氧气流速，氮（30±0.5）cm³/min，氧（20±0.5）cm³/min（用皂膜流量计测量）。

（2）六通阀置于吸附位置，同时用秒表计时，吸附 20min 后，六通阀置于脱附位置的同时按键（此时打印机已处于启动状态，基线平稳），测定脱附峰面积，并自动绘制谱图。

（3）按【参数】键，【参数】指示灯亮，按数字键"8"存入实管（样品管体积加分析煤样体积与吸附氧的体积之和），计算相应的脱附峰面积，按【参数】键，指示灯灭，退出【参数】状态（参数灯灭）。

（4）六通阀置于吸附位置，取下样品管，取出两边堵塞的玻璃棉，倒出煤样，用洗耳球吹净煤灰，将空管安装在气路上，同时将六通阀置于脱附位置。

（5）以同样的方法测定通过空管时氮和氧气的流速，应与实管时测定的流速相近。

（6）将六通阀置于吸附位置，吸附 5min 后，再将六通阀置于脱附位置，按【启动】键，绘制谱图，打印空管脱附峰面积 S_2。

（7）按【参数】键，【参数】指示灯亮，在【参数】状态下，按数字键"9"，存入空管相应的脱附峰面积，按【参数】键，指示灯灭，退出【参数】状态。

（8）吸氧量计算操作步骤。按照吸氧量测定方法，各项参数检查、设定结束后，按【运算】键，【计算】灯亮，键入数字"5"（或"6""7""8"，分别为 1、2、3 路），直接计算吸氧量和打印结果报告。

C　吸氧量的计算

将 S_1、S_2 及气体实测参数代入式（2-52）中计算吸氧量值：

$$V_d = K \cdot K_1 \cdot R_{c1} \left\{ S_1 - \left[\frac{\alpha_1 R_{c1}}{\alpha_2 R_{c2}} \times S_2 \left(1 - \frac{G}{d_{TRD} \cdot V_s} \right) \right] \right\} \times \frac{1}{(1 - W_d) \cdot G} \quad (2\text{-}52)$$

式中，V_d 为吸氧量，cm^3/g；K 为仪器常数，$min/(mV \cdot s)$；K_1 为仪器校正因子；R_{c1} 为实管载气流量，cm^3/min；R_{c2} 为空管载气流量，cm^3/min；α_1 为实管时氧的分压与大气压之比；α_2 为空管时氧的分压与大气压之比；S_1 为实管脱附峰面积，$mV \cdot s$；S_2 为空管脱附峰面积，$mV \cdot s$；G 为煤样质量，g；d_{TRD} 为煤的相对密度；V_s 为样品管体积（标准态），cm^3；W_d 为煤样的水分，%。

2.15.5 煤自燃倾向性等级分类及指标

煤自燃倾向性等级分类按《煤自燃倾向性色谱吸氧鉴定法》（GB/T 20104—2006）标准，以每克干煤在常温（30℃）、常压（1.0133×10^5 Pa）下的吸氧量作为分类的主指标，煤自燃倾向性指标如表 2-16、表 2-17 所示。

表 2-16 煤样干燥无灰基挥发分 $V_{daf} > 18\%$ 时自燃倾向性分类

自燃倾向性等级	自燃倾向性	煤的吸氧量 $V_d/100cm^3 \cdot g^{-1}$	备注
Ⅰ类	容易自燃	$V_d > 0.70$	
Ⅱ类	自燃	$0.4 < V_d \leqslant 0.70$	
Ⅲ类	不易自燃	$V_d \leqslant 0.40$	

表 2-17 煤样干燥无灰基挥发分 $V_{daf} \leqslant 18\%$ 时自燃倾向性分类

自燃倾向性等级	自燃倾向性	煤的吸氧量 $V_d/cm^3 \cdot g^{-1}$	全硫 $S_Q/\%$	备注
Ⅰ类	容易自燃	$V_d \geqslant 1.00$	$\geqslant 2.00$	
Ⅱ类	自燃	$V_d < 1.00$	$\geqslant 2.00$	
Ⅲ类	不易自燃		$V_d < 2.00$	

3 特殊工种安全技能实训

3.1 煤矿瓦斯工种实训

本节主要介绍瓦斯抽采工、瓦斯抽采泵工、瓦斯抽采打钻工、瓦斯抽采管道工、瓦斯抽采观测工的基本安全技能。

3.1.1 煤矿瓦斯抽采工的基本安全技能

3.1.1.1 参数收集

井下瓦斯数据主要由瓦斯观测人员进行收集，观测人员需要对每个抽采孔的瓦斯抽采浓度、系统主管路浓度、抽采负压、抽采压差、温度、大气压、孔板系数等进行测定；观测人员对采煤工作面的瓦斯情况进行现场测定，获得准确数据并认真做好记录。测试工必须每3天对井下每个测试地点进行测试，测试的数据要准确并认真做好记录。测试工必须每7天对井下每个抽采管路进行检查（管路是否漏气、积水）并做好记录。

3.1.1.2 参数分析

根据观测人员测定的数据，技术人员在规定时间内对数据进行整理，分析抽采钻孔的抽采效果，判定抽采瓦斯的最佳区域等。

3.1.1.3 报表统计与汇报

（1）观测人员每日需汇报抽采钻场的单孔抽采浓度、钻场的抽采浓度、钻场混合后的抽采浓度、泵站的抽采浓度及泵站参数（抽采负压、压差、温度、浓度）。报表应满足以下要求：

1）报表数据要真实准确；

2）数据要完整，不能缺少参数；

3）报表要目的明确，说明每项内容。

（2）技术人员需每月向矿技术负责人汇报每个采煤工作面的瓦斯抽采浓度及瓦斯抽采量。

3.1.2 瓦斯抽采泵工技能实训

3.1.2.1 瓦斯抽采泵工操作实训内容与要求

A 瓦斯抽采泵的启动操作

（1）接到启动命令后，抽采瓦斯泵工应一人监护、一人准备操作。

（2）启动带有润滑系统和冷却系统的抽采泵时，应首先启动润滑系统和冷却系统，并适当调整流量。

（3）启动带有供水系统的抽采泵时，应先启动供水系统，并开、关有关阀门。

（4）抽采泵启动后，应及时观测抽采正负压、流量、瓦斯浓度、轴承温度和电气参数等，并监听抽采泵的运转声。

（5）当抽采泵抽采的瓦斯浓度达到30%以上时，向本单位调度汇报，并准备向用户输送瓦斯；接到输送瓦斯命令后，开启总供气阀门，同时关闭放空阀门。

（6）若泵站内设有加压泵，在接到向用户输送瓦斯的命令后，应按启动顺序启动加压泵，并开、关有关阀门，向用户送气。

（7）采用干式抽采泵时，当抽采瓦斯浓度低于25%时，应及时向调度汇报。

B　瓦斯抽采泵的停机操作

（1）停抽采泵和加压泵之前，必须通知用户和主管单位。

（2）停抽采泵前，必须首先停加压泵及其附属系统。利用加压泵排除民用管道内的瓦斯时，必须先将抽采泵泵体及井下总气门间管路内的瓦斯排除干净。

（3）接到停止抽采泵运行的命令后，应一人监护、一人准备进行停机操作。

（4）抽采泵停止运转后，要按规定将管路和设备中的水放完。

（5）抽采瓦斯的矿井，在抽采未准备好前，不得将井下总气门打开，以免管路内的瓦斯出现倒流。

（6）如遇停电或其他紧急情况需停机时必须首先迅速将总供气阀门关闭，然后将所有的放空门和配风门打开，并关闭井下总气门。

（7）抽采泵每次有计划的停机，必须提前通知用户或其主管单位；紧急情况下，停机后应及时通知用户或其主管部门。

3.1.2.2　抽采泵互换运行

（1）抽采泵需要互换运行时，必须经调度同意后方可进行。

（2）无论是抽采泵还是加压泵的互换运行，均不允许间断瓦斯利用，否则必须提前通知用户或其主管单位。

（3）抽采泵的互换运行应避开用气高峰时间。

（4）两台并联运行的抽采泵需要与另外两台抽采泵互换运行时，必须停泵后进行。

3.1.2.3　抽采泵并联运行

（1）抽采泵并联运行时，其启动和停止应按照抽采泵的停止、启动顺序进行操作。

（2）抽采泵并联运行时的顺序如下：

1）先启动一台抽采泵，待运转正常后，再启动另一台抽采泵；

2）抽采泵运转正常后，再进行带负荷操作。

3.1.3　瓦斯抽采打钻工技能实训

3.1.3.1　瓦斯抽采打钻工实训要求

（1）钻孔施工时要严格按照测量人员标定的孔位及规定的方位、角度、孔深等进行施工，未经测量人员同意不得擅自改动。

（2）钻头送入孔内开始钻进时，压力不宜太大，要轻压慢钻，以免崩刃或打坏变速齿轮，待钻头下到孔底，且工作平稳后，压力再逐渐增大。

（3）采用清水钻进时，开钻前必须供水，水返回后才能给压钻进，并要保证有足够的流量，不准钻干孔。孔内煤（岩）粉多时，应加大水量，延长开泵时间，确定冲好孔后方可停钻。

（4）钻进时，钻工要认真观察钻机运转情况，即观察送水、钻孔的给排水、钻孔内的振动声音等情况。

（5）钻进过程中要准确测量距离，一般每钻进10m或换钻具时必须量一次钻杆，以核实孔深。

（6）钻机运转过程中要注意观察轴承部位、液压油、电机、变速箱、轴套、横立轴齿轮等有无超温现象、异常声音，发现问题应立即停机，查找原因，及时处理。

（7）更换钻头时，应注意孔径与钻头直径匹配，以免卡死钻头。

（8）临时停钻时，要将钻头退离孔底一定距离，防止煤（岩）粉卡住钻杆，停钻8h以上时应将钻杆拉出来。运钻杆时，前后人员要互相联系，密切配合，防止造成伤人事故。

（9）钻孔钻到设计深度。

（10）提钻前用清水冲孔，排净煤（岩）粉。

（11）提钻。在提钻过程中，钻工必须与其他工种紧密配合，操作要轻而稳，不得猛刹、猛放，不得超负荷作业，不得用手摸钢丝绳。

3.1.3.2　瓦斯抽采打钻工操作要点

A　钻进过程中的操作要点

（1）发现煤岩松动、片帮、来压、见水或孔内水量、水压突然加大或减小以及顶钻时，必须立即停止钻进，但不得拔出钻杆，要立即派人监视水情，并迅速向有关部门汇报。

（2）钻孔透采空区发现有害气体喷出时，要停钻加强通风，并封孔，同时向矿调度室汇报。

（3）钻瓦斯抽采孔出现瓦斯急剧增大、顶钻等现象时，要及时采取措施。

B　提出钻具时的操作要点

（1）提钻前，要测量机上余尺，开升降机的制动装置、离合装置和提引装置，紧卸工具要齐全、可用，发现问题及时处理。

（2）提钻前必须用清水冲孔，排净煤、岩粉。

（3）在提钻过程中，钻工必须与其他工种紧密配合，操作要轻而稳，不得猛刹、猛放，不得超负荷作业，不得用手去摸钢丝绳。其他工种人员必须站在钻具起落范围以外。

（4）岩芯管提出孔口后应立即盖好孔口，不准用手探摸或用眼观看管内岩芯。

（5）提出的岩芯必须清洗干净，摆放整齐有序。

（6）钻杆提出后要用棉丝缠住两端，以防钻杆孔堵塞或丝口被破坏。对于抽采瓦斯钻孔，钻杆提出后要用木塞堵住钻孔，以防瓦斯逸出。

3.1.3.3　瓦斯打钻工的防护措施

A　防止瓦斯大量涌出的措施

（1）钻机配备的电动机及其附属电气设备必须是防爆型的，并要对其防爆性能进行定期检查。

（2）每班施工必须携带便携式瓦斯检测仪并按规定要求悬挂于迎头，检测员必须定时检查瓦斯浓度，每班不少于 3 次，瓦斯超限严禁施工。工作地点必须按要求安设瓦斯报警断电仪，断电仪要灵敏可靠，一旦瓦斯超限能立即自动切断钻机电源，施工人员必须立即停止作业，撤至安全地点，待处理后方可进入。

（3）不得随意敲击钻机及其他铁器。

（4）施工地点必须供给足够的风量和新鲜风流，不得随意停止供风，无新鲜风流不得进行作业。

B 防止煤与瓦斯突出的措施

（1）钻工必须是经专门培训的人员，掌握煤与瓦斯突出预兆，熟悉避灾路线，并随身携带自救器，发现突出预兆或其他异常情况时应立即撤离，并尽可能通知有关作业场所人员撤离，及时向单位值班领导及调度室汇报情况。

（2）钻机与孔口之间必须安设防护挡板。防护挡板必须牢固可靠，安全有效，防止孔内喷出的煤岩粉伤人。

（3）施工人员要避免所在位置与孔口成一直线，应偏开一定距离。

C 防止机械伤人的措施

（1）钻工衣着应整齐利索，以免被机械的转动部件绞伤。

（2）钻机及其附属设备的转动部件的防护罩和保护外罩必须完整无缺。

（3）开动钻机前应做好相应的准备工作，明确分工，操作时全体施工人员要集中精力，协调配合，达到准确无误操作。

D 防止冒顶片帮的措施

（1）每次进入施工地点必须敲帮问顶，处理施工点周围 5m 范围内的活矸危岩（煤）。

（2）施工地点支护必须完好，必要时，联系有关单位予以加固，否则不得开钻施工。

3.1.4 瓦斯抽采管道工技能实训

3.1.4.1 瓦斯抽采管道工操作步骤

A 抽采管道的运送

（1）在瓦斯抽采管往井下运送前必须对每根抽采管进行压力及漏气试验，符合要求时进行防腐除锈。

（2）从地面往井下运输抽采管时，无论使用平板车或架子车，管子的装载高度都不准超出矿车高度，宽度与矿车边对齐，并捆绑结实牢靠。

（3）在大巷内用电机车运输时，应事先与运输部门取得联系，并严格执行电机车运输的有关规定。

（4）严格执行斜巷运输管理规定，并有防止管材脱落、挂帮和影响行人、损坏通风设施的措施。

B 管道安装

（1）根据抽采管道系统设计的要求敷设主管道、干管道和支管道。

（2）安管时，应按照先外后里的原则，按顺序操作，逐节接入。

（3）所对接的抽采管道要按标准进行垫高，吊挂要平直，不拐死弯，支垫时要放牢固。

（4）当管道通过风门、风桥时，事先与通风相关部门取得联系，管道要从墙的边缘打孔通过，等管子接好后用灰浆或泥土堵严。

（5）在有电缆（包括通信、信号电缆）的巷道敷设管道时，应将电缆与抽采管各放置一侧，严禁电缆与抽采管相互搅混在一起。

（6）接胶管或塑料管时，接头应用铁丝捆紧连好放平，每隔 3～4m 要有一吊挂点，保持平、直、稳。井下抽采不得使用非抗静电的塑料管做绝缘隔离段。

（7）新安装或更换的管路要进行漏气试验，做到畅通不漏气，对不合格的要及时拆除，重新对接。

（8）连接瓦斯抽采管时，必须加胶垫，上全法兰盘螺栓，并拧紧丝扣，确保严密不漏气。

（9）在巷道的低洼处，应安装高负压自动放水器；在进入工作面尾巷时，应增设阀门和绝缘段，绝缘管长度不小于 3m；在进入盘区内的管路上应安设可控制盘区抽采的总阀门。

（10）在特殊地段安装瓦斯管道时，应制定针对性的安全措施。

3.1.4.2　敷设瓦斯管道的要点

A　井下敷设瓦斯管道的要点

（1）管道下井前必须进行内、外壁防腐处理。瓦斯抽采管道要涂上红色标记。

（2）不论平巷或斜巷，敷设管道时，必须使用可缩木垫，以防止底板隆起折损管道。

（3）在倾斜巷道敷设瓦斯管道时，应用卡子将管道固定在巷道支架上，卡子间距可根据巷道倾角确定，在 30° 以下的巷道，一般为 15～20m。

（4）在运输巷道中敷设管道时，应悬挂或用支架稳固地架空于巷道帮上，其高度应不小于 1.8m，以便于运输和人员行走。所有瓦斯管道都必须远离带电物体，并要有可靠的接地装置。

（5）瓦斯管道敷设必须能满足排除积水的要求。平巷中的瓦斯管道必须保持一定的坡度，每隔 200～300m 应有意将管道敷设成低凹以安装等径 T 形管连接放水器。管路所有凹点均应设等径 T 形管和放水器。

（6）抽采系统排气口应位于总回风巷或分区回风巷。已建立永久抽排系统的矿井，移动泵抽出的瓦斯可送至矿井抽排系统的管道内，但必须使矿井抽排系统的瓦斯浓度符合有关规定。

B　地面敷设瓦斯管道的要点

（1）管道安装前必须进行内、外壁防腐处理。

（2）瓦斯管道敷设必须能满足排除积水的要求。管道所有凹点均应设等径 T 形管和放水器。

（3）抽采管道系统投入运行前，应进行一次全面气密性实验。瓦斯抽采管路要涂上红色标记。

（4）所有瓦斯管道都必须远离带电物体，并要有可靠的接地装置。

（5）敷设管道时，每一节管道对应一个支架，其间距根据管道每节长度确定。

（6）冬季还必须对管道进行防冻处理，可使用保温海绵或草袋包裹。

3.1.5 瓦斯抽采观测工实训内容与要求

瓦斯抽采观测工主要利用光学瓦斯测定器、U 形水柱计、空盒气压计、红外测温仪、高负压瓦斯采样器等仪器进行观测作业。

瓦斯抽采观测工在瓦斯抽采参数观测时应做到：

（1）临时瓦斯抽采泵站的安设、使用必须符合《煤矿安全规程》的规定；

（2）抽采容易自燃和自燃煤层的采空区内的瓦斯时，必须经常检查一氧化碳浓度和气体温度等参数，发现有自然发火征兆时，应立即采取措施；

（3）如果需要进入尾巷栅栏内工作，必须两人前后同行，并随时检查巷道内的瓦斯和氧气，瓦斯或氧气浓度不符合规定时，应停止进入，及时汇报。

3.2 煤矿安全检查实训

3.2.1 煤矿安全检查的内容

煤矿企业安全检查的内容一般包括以下 4 个方面：

（1）对企业各级领导干部贯彻"安全第一、预防为主、综合治理"方针的检查；

（2）对各级组织安全管理工作情况的检查，如法律、法规的执行情况，管理部门落实"三同时""四不放过"等制度的坚持情况；

（3）对生产现场的安全检查，如检查生产场所及作业过程中是否存在操作人员的不安全行为、机械设备的不安全状态，以及不符合安全生产要求的作业环境等；

（4）检查隐患整改情况。

此外，包括由上级领导的安全大检查和煤矿企业自身的定期安全检查内容。

3.2.2 安全检查的方法

（1）实地观察。深入现场，靠直感、凭经验进行实地观察。如看、听、嗅、摸、查的方法，看一看外观变化，听一听设备运转是否异常，嗅一嗅有无泄漏和有毒气体发出，摸一摸设备的温度有无升高，查一查危害因素。

（2）汇报会。上级检查下级，往往在检查前先听取下级自检情况的汇报，提出问题，安排解决；或者对一个单位检查完开一个通报会，要求被检查单位对检查出来的问题限期解决。

（3）座谈会。在进行内容单一的小型安全检查时，往往以开座谈会的方法，同有关人员座谈讨论某项工作或工程的经验和教训。

（4）调查会。在进行安全动态调查和事故调查时，往往把有关人员和知情者召集在一起，逐项调查分析，提出措施对策。

（5）个别访问。在调查或检查某个系统的隐患时，为了便于技术分析和找出规律，了解以往的生产运行情况，需要访问有经验的实际操作人员，通常采取走访方式，使调查和检查工作得到真实情况及正确结论。

（6）查阅资料。检查工作要做深、做细，便于对比、考察、统计、分析，在检查中必须查阅有关资料，表扬好的、批评差的，实施检查职能。

（7）抽查考试和提问。为了检查企业的安全工作、职工素质、管理水平，可采取对职工个别提问、部分抽查和全面考试等方法，检验其真实情况和水平。

3.2.3　煤矿生产系统安全检查工实训要点

3.2.3.1　采煤工作面安全检查实际操作训练

（1）检查工作面支柱布置是否符合作业规程规定。支柱要呈一条直线，柱距、排距偏差均不超过 100mm。

（2）支柱是否符合作业规程规定。

（3）检查支柱初撑力及迎山、棚梁、背板、柱鞋、柱窝。

（4）检查铰接顶梁。顶梁铰接率是否大于 90%，是否有顶梁连续不铰接现象。

（5）检查端口支护是否按作业规程要求进行特种支护。

（6）检查支柱是否存在不同类型支柱混用的问题。

（7）检查支柱是否全部编号管理，并做到牌号清晰。

（8）检查在工作面是否存在失效柱、梁和空载支柱。

3.2.3.2　甲烷传感器设置的合理性检查

（1）回采工作面甲烷传感器设在距工作面回风侧煤壁不超过 10m，距顶板不得大于 300mm，距巷道侧壁不得小于 200mm，且应垂直悬挂。

（2）回采工作面回风侧安设的甲烷传感器距回风口 10～15m 处，有新鲜风流汇入处必须在风流交叉口前 10～15m 处增加甲烷传感器。

（3）回采工作面上隅角甲烷传感器安设在切顶线对应的煤帮处。

（4）回采工作面回风流中甲烷传感器报警浓度为 1.0% CH_4。

（5）回采工作面回风流中的甲烷传感器断电浓度为 1.0% CH_4。

（6）回采工作面回风流中的甲烷传感器复电浓度为小于 1.0%CH_4。

（7）高瓦斯和煤与瓦斯突出矿井的掘进工作面长度大于 1000m 时，必须在掘进巷道中部增设甲烷传感器。

（8）回采工作面回风巷中的甲烷传感器断电范围为工作面及回风巷内全部非本质安全型电气设备。

3.2.3.3　掘进工作面重点检查内容

（1）局部扇风机供风情况：1）是否采用三专两闭锁和双风机双电压及切换开关；2）风筒出口距迎头距离是否大于 5m；3）有无串联风，循环风；4）风筒出口风量是否小于规定要求；5）风筒有无破口、漏风、风筒是否环环吊挂；6）风机安装位置是否符合要求、风机是否挂牌管理责任人。

（2）迎头 5m 范围内是否悬挂便携式甲烷仪。

（3）甲烷报警装置（外侧距回风口 10～15m，里边距迎头小于 5m）是否符合规定。

（4）是否坚持一炮三检和三人连锁放炮。

（5）雷管炸药是否入箱落锁，有无乱扔乱入现象。

（6）严格执行防尘措施，凡是岩石掘进工作面一律执行水打孔、装岩洒水、严禁干打孔。

（7）工作面禁止装药与打孔平行作业，装药要指定专人负责，其他无关人员不准装药。炮孔装药后，其余的空隙要全部用水炮泥和黄泥封满。

（8）放炮母线必须悬挂，不得与钢轨、管子、风筒、电缆、电线等靠近，是否采用湿式打孔。

（9）是否按照操作规程作业。

（10）防尘洒水系统是否齐全。

（11）隔爆设施覆盖巷道断面不少于60%。

（12）有无CH_4检查牌板、记录。

（13）各特殊工种岗是否持证上岗、电钳工班组长、瓦斯员、爆破工必须携带便携式。

（14）材料存放是否整齐、挂牌管理、影响通风行人。

3.2.3.4 安全员日常重点检查内容

（1）各作业地点CH_4、CO_2浓度。

（2）采掘地点风量。

（3）掘进面有无空顶、空帮。

（4）超前支护、临时支护、防倒器、撑杆使用情况。

（5）风电、瓦斯闭锁是否动作正常。

（6）风机切换情况。

（7）开门地点工程情况。

（8）施工地点的措施落实情况。

（9）便携仪、瓦斯传感器安装使用情况。

（10）通风设施是否完好。

（11）主副井斜坡安全设施完好情况。

（12）运输机头、机尾、绞车、地杆、地锚、戗柱、压柱是否齐全可靠，是否安装声光信号。

（13）扩修地点工程、措施落实。

（14）扩修、回收地点风量、CH_4情况。

（15）特殊工种上岗情况。

（16）主副斜井排水点排水情况、水量变化情况。

（17）电气设备有无失爆。

（18）有无扒蹬、跳车、坐皮带现象。

3.2.3.5 一般规定的检查

（1）巷道和硐室掘进施工前，应编制掘进作业规程，经批准后，方可施工。

（2）采用平行作业时，平巷不得由里往外进行支护；超过10°的倾斜巷道，每段内不得由下向上进行永久支护（锚喷除外）；在倾斜巷道中施工，应设有防止跑车和坠物的安全设施。

（3）采用掘进和支护单行作业时，在前一段的永久支护尚未完成时，不得继续掘进。永久支护前端距掘进工作面距离符合设计规定，而且必须有临时支护措施；在顶板压力特别大的地区或易风化、膨胀的软岩中，要求采取短掘砌法施工。

（4）道掘进临时停工时，临时支护要紧跟工作面，并检查好巷道所有支护，保证复工时不致冒落。

（5）掘进施工中，必须标设中线及腰线。用激光指示巷道掘进方向时，所用的中、腰线点不应少于3个点。

3.2.3.6　巷道掘进检查

（1）巷道的掘进毛断面不得小于设计规定。其局部超高和每侧的局部超宽，不应大于设计规定的150mm（平均不应大于75mm）。

（2）巷道的锚杆间距按照措施误差不超±100mm。

（3）在掘进工作面打孔前，应清理顶板两帮的浮煤（岩）。

（4）是否要求使超前支护和前探梁。

3.2.3.7　巷道支护的检查

（1）掘进工作面临时支护和久支护必使用前探梁护顶，前探距离不得超过1架棚距，严禁空顶作业。

（2）临时支护距工作面的距离一般不大于1m，锚喷巷道不大于2~3m，软岩层应紧跟工作面。

（3）倾斜巷道使用的U型钢必须保持足够的迎山角，每架U型钢使用不少于三道的金属拉杆。

（4）斜巷掘进工作面上方要设牢固的安全挡板。距工作面上方20m处，要设安全栏遮挡。

（5）砌碹用的碹胎，使用前要进行检查挑选。每架碹胎组立完成后，至少要打3个压顶楔子，跨度超过5m的巷道砌碹拱时，碹内必须打上顶子，防止碹胎变形或塌落。

（6）碹体和顶帮之间必须用不燃物充满充实。

（7）砌碹翻棚应先检查施工地点前后巷道的顶板压力情况和棚子质量情况，并将翻棚附近的棚子进行加固；斜巷要打好顶子或打好拉杆，用铁丝联系好。

（8）砌碹翻棚空顶距离：顶板岩石坚硬、无浮石时，最大不超过5m，一般为2m；顶板压力大、浮石较多，每次只准翻1架砌1m。翻棚后要进行找顶，顶板不好时，要采取临时挑顶办法护顶。

（9）大断面巷道施工必须架设牢固的脚手架，脚手架上面不准存放过多的材料。

（10）在交叉点施工时，巷道中的支巷开口处进行掘进时。交叉点的"牛鼻子"与其背后岩层间的空隙必须用混凝土填充严实，如空隙超过250mm，允许用坚硬的毛石填充并用砂浆灌碹。

3.2.3.8　顶板管理的检查

（1）凡裸岩巷道完好的顶板，不得任意破坏。

（2）巷道顶板完好，整体性能强，岩质密实的静压巷道棚距按作业规程施工。顶板破碎、有活石的静压巷道或无活石的动压巷道棚距按作业规程施工。

（3）翻棚时必须由班（组）长和安全员进行敲帮问顶。

（4）撬落活石应从顶板完整的地方开始，以保证工作人员的安全。在撬落活石时，一人操作，另一人在后面当好安全监视哨，禁止行人通过时撬顶。

（5）巷道顶板完好、岩质坚硬、整体性强、节理与层理不发达的静压巷道，可以采取锚杆支护。

（6）在打孔前，必须先凿落浮石，然后开机钻孔；有棚巷道打锚杆要翻1架打1排，或先打孔后翻棚。

3.2.3.9　瓦斯管理的检查

（1）瓦斯检查员是否配备齐全，工作面是否配有专职瓦斯检查员。

（2）井下各个检查地点是否按《规程》规定进行检查。

（3）瓦斯检查是有记录，是否做到检查牌板、记录、报表三对口。

（4）瓦斯检查员检查记录是否随身携带，记录是否齐全。

（5）瓦斯检查员是否在现场交接班，有无空、漏、假检行为。

（6）检查仪器是否有效、准确。

（7）爆破是否执行"一炮三检"制度。

（8）在停风区是否有人作业。

（9）停风区是否有栅栏、警标、禁止人员进入。

3.2.4　煤矿安全检查任务

（1）采煤系统安全检查。

1）顶板安全隐患识别及预兆、预防；

2）采区及辅助系统安全检查；

3）采煤工作面安全检查；

4）采煤系统重大安全隐患的安全检查。

（2）掘进系统安全检查。

1）掘进工作面安全检查；

2）巷道支护与维修的安全检查；

3）掘进系统重大事故隐患的安全检查。

（3）矿井供电系统安全检查。

1）矿井供电系统安全检查；

2）矿用防爆电气设备安全检查；

3）设备检修与停送电作业安全检查。

（4）矿井提升运输系统安全检查。

1）矿井提升系统安全检查；

2）矿井运输系统安全检查。

（5）矿井"一通三防"安全检查。

1）矿井通风系统安全检查；

2）采煤与掘进工作面"一通三防"安全检查；

3）煤矿瓦斯安全检查；

4）矿井防尘与防灭火安全检查；

5）矿井"一通三防"重大事故隐患安全检查。

（6）煤矿防治水安全检查。

1）矿井水害隐患识别、灾害防治安全检查；

2）地面防治水安全检查；

3）井下防治水安全检查；

4）井下探放水与重大事故隐患安全检查。

3.3　安全监测监控工实训

3.3.1　安全监测监控系统组成

本节以河南理工大学邓奇根等学者搭建完成的安全监测监控系统为例进行介绍。矿山安全监测监控系统一般由传感器、井下监控分站、信号传输线路、地面中心站、监控软件组成，如图 3-1 所示，主要包括以下几部分。

（1）传感器。由 CH_4、O_2、CO_2、CO、H_2S、温度、风速、风压、烟雾等传感器及开停等组成。

（2）井下监控分站。井下监控分站是一种以嵌入式芯片为核心的微机计算机系统，可挂接多种传感器，可以连续监测井下环境中的瓦斯、风速、一氧化碳、负压等参数及设备开停状态，通过工业以太网或总线方式能及时将监测到的各种环境参数、设备状态传送到地面中心站，并接收和执行中心站发出的报警和断电控制信号的指示。

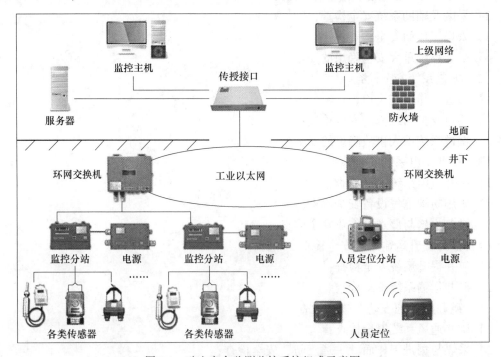

图 3-1　矿山安全监测监控系统组成示意图

（3）信号传输线路。将监测到的信号传送到地面中心站的信号通道，如无线传输信道、电缆、光纤等。

（4）地面中心站。由各种显示屏、数据存储、声光报警及指示电话等组成。

3.3.2　实训原理、方法和手段

矿山安全监控系统是检测井下 CH_4、O_2、CO、CO_2 等气体浓度和风速、风量、气压、温度、粉尘浓度、水位等环境参数，并监测、监控生产设备运行状态的系统。

A　主要功能

（1）瓦斯、风速、温度、CO、局部通风机开停、风筒漏风、馈电状态监测等；

（2）瓦斯超限或掘进巷道停风时，声光报警、就地断电；

（3）就地断电失效，远程断电；

（4）就地断电和远程断电失效，指挥工人断电；

（5）指挥撤人等；

（6）瓦斯突出、通风系统、自燃火灾等监测。

B　传感器及配件

传感器是煤矿监控系统的"耳目"，主要用于监测煤矿环境参数与生产过程参数。

a　高低浓度甲烷传感器

高低浓度甲烷传感器主要用于监测高瓦斯煤矿井下环境气体中的瓦斯浓度，可以连续自动地将井下甲烷浓度转换成标准电信号输送给关联设备，并具有就地显示甲烷浓度值、超限声光报警等功能，还可与各类型监测系统及断电仪、风电瓦斯闭锁装置配套，适宜在煤矿采掘工作面、回风巷道等地点固定使用。采用热催化原理与热导原理相结合来测量甲烷浓度，并具有遥控调校、断电控制、故障自校自检等新功能。

其工作原理为：甲烷在催化剂作用下进行无火焰燃烧，产生热量使黑元件 R_1 升温导致电阻变化。正常时，输出信号给系统；当浓度达到报警值时产生声光报警，同时将信号发送给系统产生报警；当浓度达到断点值时报警并输出信号（AI）给系统判断后执行两道断电指令，同时发出断电信号（DO 或）执行断电指令，并将切断信号（DI 与）反馈给系统。其工作流程如图 3-2 所示。

采煤工作面甲烷传感器布置原则。

（1）长壁采煤工作面甲烷传感器必须按图 3-3 设置。U 型通风方式在上隅角设置甲烷传感器 T_0 或便携式瓦斯检测报警仪，工作面设置甲烷传感器 T_1，工作面回风巷设置甲烷传感器 T_2；若煤与瓦斯突出矿井的甲烷传感器 T_1 不能控制采煤工作面进风巷内全部非本质安全型电气设备，则在进风巷设置甲烷传感器 T_3；低瓦斯和高瓦斯矿井采煤工作面采用串联通风时，被串工作面的进风巷设置甲烷传感器 T_4，如图 3-3（a）所示。Z 型、Y型、H 型和 W 型通风方式的采煤工作面甲烷传感器的设置参照上述规定执行，如图 3-3（b）~图 3-3（e）所示。

（2）采用两条巷道回风的采煤工作面甲烷传感器必须按图 3-4 设置。甲烷传感器 T_0、T_1 和 T_2 的设置同图 3-3（a）；在第二条回风巷设置甲烷传感器 T_5、T_6。采用三条巷道回风的采煤工作面，第三条回风巷甲烷传感器的设置与第二条回风巷甲烷传感器 T_5、T_6 的设置相同。

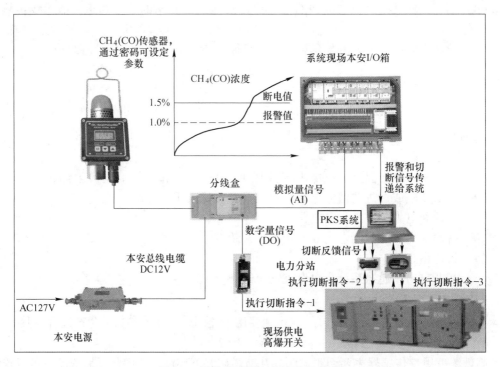

图 3-2　甲烷传感器工作流程示意图

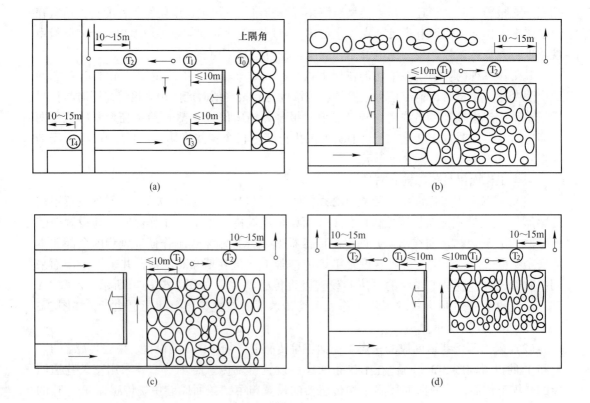

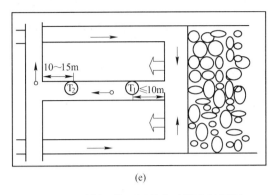

(e)

图 3-3　采煤工作面甲烷传感器布置原则

（a）U 型通风方式；（b）Z 型通风方式；（c）Y 型通风方式；（d）H 型通风方式；（e）W 型通风方式

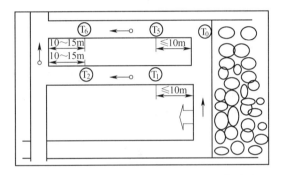

图 3-4　采用两条巷道回风的采煤工作面甲烷传感器的设置

（3）有专用排瓦斯巷的采煤工作面甲烷传感器必须按图 3-5 设置。甲烷传感器 T_0、T_1、T_2 的设置同图 3-3（b）；在专用排瓦斯巷设置甲烷传感器 T_7，在工作面混合回风风流处设置甲烷传感器 T_8，如图 3-5 所示。

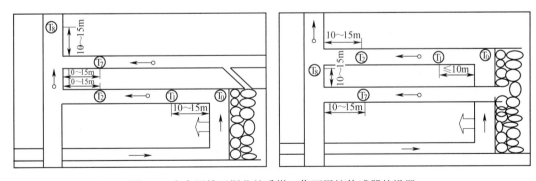

图 3-5　有专用排瓦斯巷的采煤工作面甲烷传感器的设置

（4）高瓦斯和煤与瓦斯突出矿井采煤工作面的回风巷长度大于 1000m 时，必须在回风巷中部增设甲烷传感器。

（5）采煤机必须设置机载式甲烷断电仪或便携式甲烷检测报警仪。

（6）非长壁式采煤工作面甲烷传感器的设置参照上述规定执行，即在上隅角设置甲烷传感器 T_0 或便携式瓦斯检测报警仪，在工作面及其回风巷各设置一个甲烷传感器。

b　一氧化碳传感器

当一氧化碳气体浓度发生变化时，一氧化碳传感器的输出电流也随之成正比变化。

c　风压传感器

风压传感器将所测的差压信号经过精密补偿和信号处理，转换成标准电流（电压）信号输出，可直接与二次仪表和计算机控制系统连接，实现生产过程中的自动控制和检测，可广泛用于工业领域中进行非腐蚀性气体的差压测量，特别适用于风压测量。其结构示意图如图3-6所示。

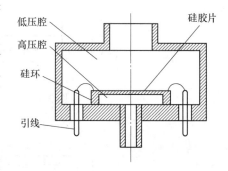

图3-6　风压传感器结构示意图

d　温度传感器

温度传感器采用的是热电偶测温原理。热电偶测温基本原理是将两种不同材料的导体或半导体焊接起来，构成一个闭合回路。由于两种不同金属所携带的电子数不同，当两个导体的两个执着点之间存在温差时，就会发生高电位向低电位放电现象，因而在回路中形成电流，温度差越大，电流越大，这种现象称为热电效应，也叫塞贝克效应。热电偶就是利用这一效应来工作的。

e　风速传感器

矿用风速传感器用于检测煤矿矿井下各巷道、风口、主风扇等处的风速。矿用风速传感器为本质安全型，是一种智能型的检测仪表，对矿井风速的监测是矿井安全监控的主要内容之一。

f　烟雾传感器

烟雾传感器探测烟雾粒子、发出报警，并向配套监控系统输出报警开关信号。

g　开停传感器

开停传感器主要用于监测矿井机电设备、风门等的运行状态，将机电设备开停状态、风门的开关等状态信号转换为电流信号，传送到监控分站。

h　断电馈电转换器

断电馈电转换器是矿井安全监控系统的配套设备，与监控分站配套使用实现远程断电，同时作为风电瓦斯闭锁装置的组成部分之一。传感器监测被控电气设备的断电、馈电状态，通过监控分站将状态信息传送到地面中心站。

i　风电甲烷闭锁装置

风电甲烷闭锁装置用于监测煤矿甲烷和局部通风机状态，并实现当通风机未开或风力不足，以及甲烷超限报警时，能自动切断并闭锁被控区域动力电源的控制功能。因此，使用该装置可有效地防止煤矿瓦斯爆炸事故。闭锁装置适用于高瓦斯矿井，特别适用于采用局部通风的掘进工作面对甲烷的有效监控。

j　煤矿生产监控系统

（1）轨道运输监控系统主要用来监测信号机状态、电动转撤机状态、机车位置、机车编号、运行方向、运行速度、车皮数、空（实）车皮数等，并实现信号机、电动转辙机闭锁控制、地面远程调度与控制等。

（2）胶带运输监控主要用来监测皮带速度、轴温、烟雾、堆煤、横向撕裂、纵向撕裂、跑偏、打滑、电机运行状态、煤仓煤位等，并实现顺煤流启动，逆煤流停止闭锁控制和安全保护、地面远程调度与控制、皮带火灾监测与控制等。

（3）提升运输监控系统主要用来监测罐笼位置、速度、安全门状态、摇台状态、阻车器状态等，并实现推车、提升闭锁控制等。

（4）供电监控系统主要用来监测电网电压、电流、功率、功率因数、馈电开关状态、电网绝缘状态等，并实现漏电保护、馈电开关闭锁控制、地面远程控制等。

（5）排水监控系统主要用来监测水仓水位、水泵开停、水泵工作电压、电流、功率、阀门状态、流量、压力等，并实现阀门开关、水泵开停控制、地面远程控制等。

（6）大型机电设备健康状况监控系统主要用来监测机械振动、油质量污染等，并实现故障诊断。

（7）采煤面综合自动化系统：全面实现采煤机、液压支架、刮板输送机、转载机、泵站、顺槽皮带的集中连锁控制，与井下工业以太网连接实现在地面集控中心、调度室对采煤机位置及支架压力等上百个参数的远程实时监视，同时实现调度电话与工作面电话的联网通话。

C　井下分站

井下监控分站主要由单片机、看门狗自动复位、参数保存、输入数据采集、控制输出、通信数值及状态显示、隔离电源、手动设置等电路组成。分站工作时，首先根据分站各输入通道上所挂接的传感器类型，利用 DPSK（调制解调）或 RS485 两种通信方式接收地面中心站初始化数据对分站的各个通道分别进行定义、设置（也可用红外遥控器就地手动完成）。

工作过程中，分站通过数据采集电路对输入通道进行不间断的循环信号采集，使系统内部的各模拟开关根据设立、定义的指令自动切换到相应的转换电路上。

当分站对悬挂或安设的各类传感器的输入通道进行连续、不间断数据采集时，来自传感器的频率或电流信号在经过相应的交换后进入施密特整形及分频电路进行二次处理，最后送至单片机定时器供单片机进行采集、运算、分析、判断。井下监控分站及与传感器连接示意图如图 3-7 所示。

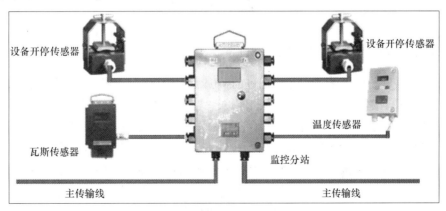

图 3-7　监控分站及与传感器连接示意图

D   信号传输线路

矿井监控系统的传输距离至少要达到 10km。矿井监控系统的传输电缆必须沿巷道敷设，挂在巷道壁上。由于巷道为分支结构，并且分支长度可达数千米。因此，为便于系统安装维护、节约传输电缆、降低系统成本宜采用树形结构。信号传输线路示意图如图 3-8所示。

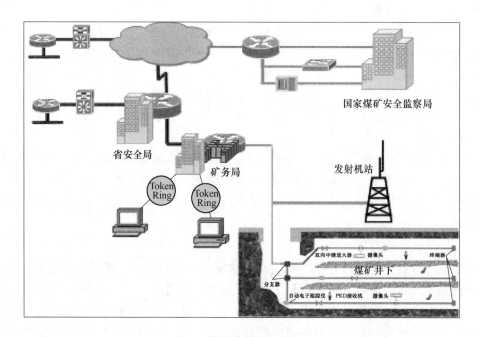

图 3-8   信号传输线路示意图

E   地面中心（监测系统）

地面主要设备是信息采集处理中心，由传输接口、监测管理软件、监控主机、备用机、打印机、监视器以及信号避雷器等组成。主要作用是把井下上传的监测控制信息及时传输到各个生产部门，对井下环境进行综合分析和科学判断，确保矿山生产的安全。

3.4   探放水工实训

3.4.1   采掘工作面水害的预测预报

矿井受水害威胁的区域，在巷道掘进前，应当采用钻探、物探和化探等方法查清水文地质条件。矿井工作面采煤前，应当采用物探、钻探、巷探和化探等方法查清工作面内断层、陷落柱和含水层（体）富水性等情况。发现断层、裂隙和陷落柱等构造充水的，应当采取注浆加固或者留设防隔水煤（岩）柱等安全措施；否则，不得回采。

每月都要进行水害预测，月末根据各采掘工作面影响范围内的施工层位、涌水量、附近老空区、物探异常区、封闭不良钻孔、水井、地表水、防排水设施、通信设施等情况，在对前方施工层位、地质构造、突水可能性、涌水量大小等进行预测。

3.4.2 孔隙水、裂隙水、岩溶水水害的探查方法和施工技术

在矿井生产实践中，由于煤系地层基岩裂隙的埋藏、分布和水动力条件等具有明显的不均匀性，可能导致水力联系强的裂隙给煤矿的安全生产带来不同程度的水害。为确保矿井安全生产，必须探清含水层的水量、水压和水源等才能予以治理。

3.4.2.1 顶板裂隙水、孔隙水的探查方法与步骤

（1）确定导水断裂带的发育高度。导水裂隙带的确定十分重要，可以用相关公式计算，或者现场实测，或者根据类似地质条件下的经验数据等综合确定。涉及水体下开采的矿区，应当开展覆岩垮落带、导水断裂带高度和范围的实测工作。导水断裂带发育高度除用经验公式和理论模型进行计算以外，还应当用实际探测的方法进一步准确确定。

（2）探查顶板裂隙、孔隙含水层的富水性。

1）可以利用地面勘探钻孔资料，对采动影响范围内的顶板含水层和隔水层的岩性特征、水位、水量进行统计分析，初步界定顶板裂隙、孔隙含水层的富水性。如果资料不足，则进行补充勘探加以查明。

2）根据初步分析，如果顶板含水层富水性较强，则需采用瞬变电磁等物探方法进行富水区划分，结合钻孔资料进行验证，并预测涌水量及对回采时的影响程度。

（3）采掘工作面探放水。

1）石门揭露顶板含水层前，应按《煤矿防治水规定》的要求，布置扇面形钻孔进行超前探水，钻孔间距视顶板裂隙、孔隙的富水程度和围岩的具体情况确定。

2）通过探查，证实本含水层与强含水层或其他水体未发生水力联系，且采区有足够的排水能力时，可在采区最低部位首先回采，实行采动放水；也可以结合生产开拓的需要，直接在含水层内掘进巷道放水。

3）采前探放水设计，先期探放水孔，一般从开切眼起，可按 30m、50m、100m 的间距布置，钻孔应布设在疏水效果好的位置。

3.4.2.2 岩溶水的探查方法和技术

（1）地面钻探。对于有底板岩溶水突水危险的煤田，在地质勘探阶段要探查岩溶突水的水文地质条件。

（2）地面物探。应积极采用地震物探、电法勘探和航空遥感等手段，圈定岩溶充水含水层的富水区。

（3）井下物探。在开拓巷道内采用物探方法探测主要岩溶含水层的界面，了解隔水层厚度、底板岩溶含水层的富水性及采动矿山压力对底板水层的破坏和影响深度等。

（4）井下钻探。井下钻探是目前探查底板岩溶含水层的主要手段。由于井下探断层水的钻孔，大部分也起到探含水层的作用，因此探断层水可以和探含水层水相结合；根据采区需要在布置探断层孔的基础上，再布置一部分探含水层的钻孔。

3.4.3 地表水水害的探查方法和步骤

地表水水害的探查主要是探查地表水的影响范围及地表水向矿井充水的途径。通过对地表水影响范围和地表水入渗通道的探测，准确圈定地表水水害危险区，并做好相应的防治措施，其主要内容如下。

（1）充分调查当地的地形地貌条件，编制地形地质图和基岩地形地质图，掌握基岩充水含水层出露及隐伏露头情况，确定地表分水岭、充水含水层的补给区，计算每一水系或排（防）洪沟渠的汇水面积，结合实际情况，进行矿井充水条件分析。

（2）根据一定流域范围内的岩层条件，连续进行几年的水文观测，圈定矿区历史最高洪水水位的洪水淹及范围，以便确立地表水的影响范围。

（3）根据当地条件事前认真分析隐蔽古井和岩溶漏斗的分布规律，事前圈定危险区，采取相应的截洪、排洪措施和做好必要的抢险准备。

（4）进行地表物探，查明老空区和岩溶裂隙分布状况。

（5）确定采动盆地裂缝角影响范围内的含（隔）水层的破坏情况，分析地表水和大气降水入渗补给的条件和范围。

3.4.4　老空水水害的探查方法和步骤

老空积水经常造成突水淹井及人身伤亡事故，其几何形状不规则，积水量可达数百万立方米，通常还伴随有害气体出现，故必须探放老空水。

3.4.4.1　探放老空水的步骤及方法

根据矿区的探放水经验，依据老空分布资料，绘制出积水线（采空边界）、探水线和警戒线 3 条界线。

（1）积水线。积水线是指老空区积水的边界线，其深部界线应根据其最深下山划定，在采掘工程平面图上标出积水范围、标高及积水量，并应填写采空区积水调查表。

（2）探水线。沿积水线外推 30~100m 的距离画条线即为探水线，当巷道掘进至探水线时应开始探水。探水线位置的确定，应符合以下规定：

1）应根据积水区的范围、水压大小及其资料的可靠程度等因素确定。

2）对本矿井开采造成的积水区，且其边界清楚，水压不高于 1MPa 时，要求探水线至积水区的最小距离不低于 30m。

3）对本矿井开采造成的积水区，但不能确定积水边界的，探水线至推断的积水边界的最小距离应该不小于 60m。

4）对于有图纸资料的老窑，探水线与老窑边界的最短距离不得小于 60m。对没有图纸资料可查的老窑，可按照调查掌握的最低开采水平，作为预测的可疑区，再向外推 100m 作为探水线。

（3）警戒线。由探水线再外推 50~150m（在上山掘进时指倾斜距离）即为警戒线。当巷道进入此线后，就应警惕积水的威胁，注意掘进工作面的变化，如发现有透（突）水征兆应提前探水。

3.4.4.2　探放老空水的安全措施

A　探水巷道掘进的安全措施

（1）探水巷道掘进必须在探水钻孔有效控制范围内进行，探水钻孔的超前距、孔间距及帮距必须符合要求，在探水起点处要挂牌并设置标志。

（2）须加强出水征兆的观察，一旦发现异常应立即停掘处理。情况紧急时必须立即发出警报，撤出受水威胁地点的全部人员。

（3）当巷道有突水征兆，或巷道与积水区间距小于探水规定的超前距时，应将掘进头正前和两帮支架加固，另选安全地点探水。

（4）按设计钻孔的预计流量修建水沟，并将流水巷道内的沉渣等障碍物清理干净，保证巷道通风良好。

（5）巷道支护必须可靠，帮、顶背实；倾斜巷道要使有撑杆连锁，具有抗水流冲击能力。

（6）探水的平巷及上下山巷道中间不得有积水低洼段。

（7）厚煤层的上山探水巷必须沿底板掘进，巷道内不能有浮煤，以防堵孔。

（8）必须在现场进行掘进班长交接班。

（9）下列情况应严格执行"三不爆破"制度：有突水征兆时不得进行爆破，超前距离不够时不得进行爆破，空顶距离超过规定或工作面支架不牢固时不得进行爆破。

B　钻探的安全措施

（1）当钻探场地的巷道支护及通风情况合格后方可安装钻机。

（2）安装钻机必须牢固平稳，要严格执行停送电制度，缆线吊挂要整齐。

（3）每班开钻前，首先检查报警信号、孔口安全装置、立柱及周围支护，合格后方可按设计标定钻孔方位、倾角开钻。

（4）注意检查安钻地点周围出水征兆，如发现安钻地点探水不安全时，应另找安全地点方可探水。

（5）钻进中若有有害气体喷出时，应同时使用黄泥、木塞封堵孔口，并加强通风管理；否则，应立即将人员撤到新鲜风流地点、停止工作、切断钻探电源。

（6）钻进时要记录煤岩换层深度，终孔前再复核一次，以避免因孔深差错造成水害事故发生。

（7）当水压较高顶钻时，要用逆止阀和立轴卡瓦交替控制钻杆。操作人员禁止正对钻杆站立。

（8）钻进过程中，若出现孔内显著变软或沿钻杆流水，应立即停钻检查；若孔内水压很大，应将钻杆固定并记录其深度。在提出钻杆前，要打开三通泄水阀，并使钻头超过原孔深 1m 以上，以利安全放水。

3.4.5　断层水的探查方法

（1）查明断层位置、落差、走向、倾向、倾角，查明断层的充填物和充填程度，查明断层的导水性与富水性。

（2）查明断层两盘裂隙、岩溶发育情况及其富水性。

（3）查明隔水层的实际厚度。

（4）为确定断层底板水在隔水层中的导升高度，需要查明探水孔在不同深度时的水量、水压及冲洗液消耗量情况。

（5）查明断层导水性、富水性以及通过断层的侧向补给水量，为矿井防治水措施提供依据。

3.4.6 陷落柱水的探查方法

对陷落柱的探查，主要应用地面物探方法探查陷落柱的分布位置和范围，标定可疑导水区，留设相应的防隔水煤（岩）柱，采掘工程尽量避开这些可疑导水区域。采掘工程需要通过物探标出的不导水或导水性差的陷落柱时，可对陷落柱采取井下探查治理后进行。井下探查治理应注意以下事项。

（1）对于水压大于 1MPa 的陷落柱，钻孔应布置在煤系地层底板稳定的岩层中。

（2）探放陷落柱水钻孔的孔口安全装置、施工安全注意事项与探放高压断层水的要求相同。

（3）探放陷落柱水的钻孔要提高岩芯采出率，及时进行岩芯鉴定，做好断层破碎带与陷落柱的分辨工作。

（4）矿井在探放陷落柱水过程中，必须监测并记录钻孔内水压、水量和水质的变化，发现异常时应加密或加深探放水钻孔，争取直接钻探到陷落柱。

（5）探明陷落柱无水或水量很小时，要用泵进行略大于区域静水压力的压水试验，检验陷落柱的导水性；同时，要向陷落柱的深部布置钻孔，了解陷落柱深部的含（导）水性和煤系地层底板强含水层水的导升高度。

（6）矿井在探放陷落柱水过程中，必须严格执行钻孔验收和允许施工安全掘进距离的审批制度。

（7）探放钻孔探测后必须注浆封闭，并做好记录，注浆结束压力应大于区域静水压力的 1.5 倍以上。

3.4.7 钻孔水的探查方法

导水钻孔往往贯穿若干含水层，有的还可能穿透老空积水区，甚至含水断层，若封孔效果不理想，将会导致人为地沟通原本没有水力联系的含水层。

（1）能在地面找到有导水可能的钻孔，应在地面安装钻机进行检查处理。使用专门的导向钻头，用中、慢速扫孔钻进，一旦出现偏离要及时纠正。扫到原孔深，核对或重新取得涌（漏）水资料后，按标准重新封孔。

（2）对于水压低于 1MPa、水量预计小于 5m³/min 的钻孔，且不便在地面找孔启封的，可在井下探水找孔封堵。

（3）当导水钻孔的位置比较确切，有测斜资料可以定位，但地面启封和井下探查处理都很困难时，可留设防隔水煤（岩）柱。

3.5 煤矿井下的安全标志

安全标志是向工作人员警示工作场所或周围环境的危险状况，指导人们采取合理行为的标志。安全标志是由安全色、几何图形和图形符号所构成，用以表达特定的安全信息。安全色是用以表达禁止、警告、指令、指示等安全信息含义的颜色，具体规定为红、蓝、黄、绿四种颜色。其对比色是黑白两种颜色。

《安全标志及其使用导则》（GB 2894—2008）中规定了禁止标志、警告标志、指令标志、提示标志等四类传递安全信息的安全标志。为防止对四类安全标志的误解，现场经常采用补充标志来对前述四种标志进行补充说明。

（1）禁止标志。禁止标志的含义是不准或制止人们的某些行动。其几何图形是带斜杠的圆环，其中圆环与斜杠相连，用红色；图形符号用黑色，背景用白色。如"禁止带火""严禁酒后入井（坑）""禁止明火作业"等标志。

（2）警告标志。警告标志的含义是警告人们可能发生的危险。警告标志的几何图形是黑色的正三角形、黑色符号和黄色背景。如"注意安全""当心瓦斯""当心冒顶"等标志。

（3）指令标志。这是指示人们必须遵守某种规定的标志。其几何图形是圆形，蓝色背景，白色图形符号，如"必须戴安全帽""必须携带矿灯""必须携带自救器"等标志。

（4）提示标志。提示标志的含义是示意目标的方向。路标、铭牌、提示标志的几何图形是方形，绿、红色背景，白色图形符号及文字。如"安全出口""电话""躲避硐室"等标志。

（5）补充标志。补充标志是对前述四种标志的补充说明，以防误解。

4 风险评估与双重预防机制

4.1 基本概念及相互关系

4.1.1 基本概念

4.1.1.1 危险源

《职业健康安全管理体系要求及使用指南》（GB/T 45001—2020）中将危险源定义为：包括可能导致伤害或危险状态的来源，或可能因暴露而导致伤害和健康损害的环境。危险源，有时称风险源、风险点、危险有害因素等，即危险的源头、源点，如部位、场所、设施、行为等。危险源的构成如图 4-1 所示。

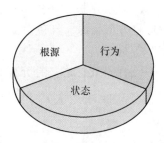

图 4-1　危险源构成

根源——具有能量或产生、释放能量的物理实体。如起重设备、电气设备、压力容器等等。

行为——决策人员、管理人员以及从业人员的决策行为、管理行为以及作业行为。

状态——包括物的状态和作业环境的状态。

造成瓦斯爆炸事故的根源危险源是指瓦斯，状态危险源是指瓦斯浓度、温度等，针对瓦斯浓度，《煤矿安全规程》明确了控制指标，企业需要采取控制措施确保状态危险源（如瓦斯浓度）处于受控状态，如管控措施有效，状态危险源（如瓦斯浓度）符合规程规定，此时的状态危险源称为"受控状态危险源"，如管控措施失效，状态危险源不符合规程规定，此时的状态危险源叫"非受控状态危险源"（即隐患），出现了隐患，企业必须要采取整改措施，如果整改无效就有可能造成事故。

4.1.1.2 风险

风险，就是指某种特定的危险事件（事故或意外事件）发生的可能性与其产生的后果的组合。风险由三部分组成：一是一定的环境；二是危险事件出现的概率，即出现的可能性；三是一旦危险出现，其后果的严重程度和损失的大小。风险是伴随着人类的历史而产生并不断变化着的，在人类漫长的生产发展过程中，特别在 18 世纪中叶产业革命之后，随着机器业代替手工业，社会化大规模生产的逐步兴起和繁荣，工伤事故、职业病、环境事故也日益增多，人们对风险的认识也越来越深入，并通过实践总结出许多安全管理和劳动保护等方面的知识，对降低风险、减少事故的发生起了很大的作用。

根据损失产生的原因，煤矿面临的风险可分为生产事故风险、自然灾害风险、社会风险、政策风险和市场风险，在工程安全领域的风险预控管理主要指的是生产事故风险，也是大家所指的安全风险。

4.1.1.3 风险点

风险点是指伴随风险的部位、设施、场所和区域，以及在特定部位、设施、场所和区域实施的伴随风险的作业过程，或以上两者的组合。

采煤工作面、掘进工作面、变电所、中央水泵房等是风险点；在掘进工作面进行的割煤、支护、出煤、供电、检修、局部通风、冒顶处理以及掘进工作面中的掘进机、带式输送机、刮板输送机、掘进机司机、带式输送机司机、刮板输送机司机、顶板、瓦斯、煤尘等也是风险点。

4.1.1.4 可容许风险

根据组织的法律义务和职业健康安全方针，已降至组织可容许程度的风险。由于安全具有相对性，可接受风险与不可接受风险也是相对的，"零风险"的目标是不可能实现的。

4.1.1.5 事故隐患

隐患，含义是隐蔽、隐藏的祸患，即为失控的危险源，是指伴随着现实风险，发生事故的概率较大的危险源。隐患一般包括人（人的不安全行为）、物（物的不安全状态）、环（作业环境的不安全因素）、管（安全管理缺陷）等4个方面。事故隐患就是作业场所、设备及设施的不安全状态，人的不安全行为和管理上的缺陷，是引发安全事故的直接原因。

4.1.1.6 事故隐患排查治理

通过制定事故隐患分类规定、确定事故隐患排查方法和事故隐患风险评价标准，并对不同风险等级的事故隐患采取不同的治理措施，即为隐患排查治理，隐患排查治理措施一般包括法制措施、管理措施、技术措施、应急措施四个层次。

4.1.1.7 重大危险源

重大危险源是指长期地或临时地生产、搬运、使用或储存危险物品，且危险物品的数量等于或超过临界量的单元。单元是指一个（套）生产装置、设施或场所，或同属一个生产经营单位且边缘距离小于500m的几个（套）生产装置、设施或场所。《危险化学品重大危险源辨识》（GB 18218—2018）中又提出了"危险化学品重大危险源"的概念，即长期地或临时地生产、加工、使用或储存危险化学品，且危险化学品的数量等于或超过临界量的单元。

A　危险化学品重大危险源的辨识依据和分级

a　危险化学品重大危险源辨识依据

危险化学品应根据其危险特性及其数量进行重大危险源辨识。若生产单元、储存单元内危险化学品的数量超过规定的临界量，即被定义为重大危险源。危险化学品重大危险源可分为生产单元危险化学品重大危险源和储存单元重大危险源两类。

b　重大危险源的辨识指标

（1）生产单元、储存单元内存在的危险化学品为单一品种时，该危险化学品的数量即为单元内危险化学品的总量，若等于或超过相应的临界量，则为重大危险源。

（2）生产单元、储存单元内存在的危险化学品有两种及以上品种时，按照式（4-1）

计算，若满足式（4-1），则为重大危险源：

$$q_1/Q_1 + q_2/Q_2 + \cdots + q_n/Q_n \geq 1 \tag{4-1}$$

式中，q_1，q_2，$\cdots$，q_n 为每种危险化学品的实际存在量，t；Q_1，Q_2，$\cdots$，Q_n 为与每种危险化学品相对应的临界量，t。

B　重大危险源的分级

重大危险源分级的目的主要是便于对危险源进行分级控制。分级标准的划定不仅是一项技术方法，而且是一项政策行为，分级标准严或宽将影响各级政府行政部门直接控制的危险源的数量配比。

a　重大危险源分级指标计算方法

采用单元内各种危险化学品实际存在量与其在《危险化学品重大危险源辨识》（GB 18218—2018）中规定的临界量比值，经校正系数校正后的比值之和 R 作为分级指标，即

$$R = \alpha \left(\beta_1 \frac{q_1}{Q_1} + \beta_2 \frac{q_2}{Q_2} + \cdots + \beta_n \frac{q_n}{Q_n} \right) \tag{4-2}$$

式中，α 为该危险化学品重大危险源厂区外暴露人员的校正系数；β_1，β_2，$\cdots$，β_n 为与每种危险化学品相对应的校正系数；q_1，q_2，$\cdots$，q_n 为每种危险化学品的实际存在量，t；Q_1，Q_2，$\cdots$，Q_n 为与每种危险化学品相对应的临界量，t。

公式中参数按照《危险化学品重大危险源辨识》（GB 18218—2018）取值。

b　重大危险源分级标准

根据计算出的 R 值，按表 4-1 确定危险化学品重大危险源的级别。

表 4-1　危险化学品重大危险源级别和 R 值的对应关系

危险化学品重大危险源级别	R 值
一级	$R \geq 100$
二级	$100 > R \geq 50$
三级	$50 > R \geq 10$
四级	$R < 10$

4.1.2　几个概念之间的逻辑关系

4.1.2.1　危险源、事故隐患与重大危险源包含关系

危险源包括事故隐患与重大危险源，事故隐患是危险源，危险源不一定是事故隐患，重大危险源不一定伴随着事故隐患。

4.1.2.2　危险源、隐患与事故之间的逻辑关系

危险源、隐患、事故之间的关系图如图 4-2、图 4-3 所示。

危险源失控会演变成事故隐患，事故隐患得不到治理就会发生量变到质变的过程，质变到一定程度，就会发生事故（财产损失或人员伤亡）。如图 4-4 所示，以龙门吊为例详细阐述其关系。

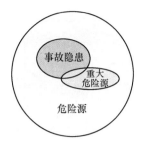

图 4-2 三者逻辑关系图

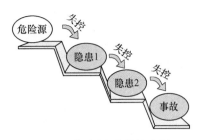

图 4-3 危险源-事故演变图

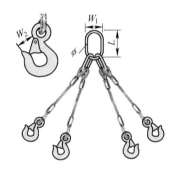

图 4-4 龙门吊及局部示意图

（1）该龙门吊是危险源，因为它带有能量（电能），同时它能使物体带有势能和动能。

（2）完好的设备是危险源，但没有构成隐患。

（3）但当钢丝绳出现断丝现象时，就出现了隐患，但断丝数较少时（尤其载荷小时），虽然存在隐患，但不会发生事故。

（4）当断丝数目增加到一定的量，尤其是载荷过大时，就会发生断绳事故。

4.1.2.3 重大风险、重大危险源、重大事故隐患关系

重大风险是指具有发生事故的极大可能性或发生事故后产生严重后果，或二者结合的风险，见表 4-2。

（1）重大危险源不一定伴随重大风险，即风险可控性。但实际工作中"安全冗余"和直观判定，往往将之定性为重大风险，目的为提高安全关注度。

（2）事故隐患一定伴随现实风险，事故往往一触即发。

（3）重大事故隐患一定伴随重大风险，距离事故一步之遥。

表 4-2 风险等级

可能性等级		严重程度等级			
		一般	较大	重大	特大
		1	2	3	4
可能性	4	高度Ⅲ	高度Ⅲ	极高Ⅳ	极高Ⅳ
可能	3	中度Ⅱ	高度Ⅲ	高度Ⅲ	极高Ⅳ

可能性等级		严重程度等级			
		一般	较大	重大	特大
		1	2	3	4
偶然	2	中度Ⅱ	中度Ⅱ	高度Ⅲ	高度Ⅲ
不太可能	1	低度Ⅰ	中度Ⅱ	中度Ⅱ	高度Ⅲ

①低度（Ⅰ级）表示有一般危险，需要注意；
②中度（Ⅱ级）表示有显著风险，需加强管理不断改进；
③高度（Ⅲ级）表示高度风险，需制定风险消减措施；
④极高（Ⅳ级）表示极高风险，不可忍受风险，需纳入目标管理或制定管理方案

4.1.3　煤矿重大事故隐患

为了准确认定、及时消除煤矿重大事故隐患，根据《中华人民共和国安全生产法》和《国务院关于预防煤矿生产安全事故的特别规定》（国务院令第446号）等法律、行政法规，煤矿重大事故隐患包括下列15个方面：

（1）超能力、超强度或者超定员组织生产；

（2）瓦斯超限作业；

（3）煤与瓦斯突出矿井，未依照规定实施防突出措施；

（4）高瓦斯矿井未建立瓦斯抽采系统和监控系统，或者系统不能正常运行；

（5）通风系统不完善、不可靠；

（6）有严重水患，未采取有效措施；

（7）超层越界开采；

（8）有冲击地压危险，未采取有效措施；

（9）自然发火严重，未采取有效措施；

（10）使用明令禁止使用或者淘汰的设备、工艺；

（11）煤矿没有双回路供电系统；

（12）新建煤矿边建设边生产，煤矿改扩建期间，在改扩建的区域生产，或者在其他区域的生产超出安全设施设计规定的范围和规模；

（13）煤矿实行整体承包生产经营后，未重新取得或者及时变更安全生产许可证而从事生产，或者承包方再次转包，以及将井下采掘工作面和井巷维修作业进行劳务承包；

（14）煤矿改制期间，未明确安全生产责任人和安全管理机构，或者在完成改制后，未重新取得或者变更采矿许可证、安全生产许可证和营业执照；

（15）其他重大事故隐患。

4.2　企业风险的排查与辨识

4.2.1　风险点排查原则与内容

4.2.1.1　风险点划分原则

（1）设施、部位、场所、区域。风险点划分应当遵循"大小适中、便于分类、功能

独立、易于管理、范围清晰"的原则。

（2）操作及作业活动。应当涵盖生产经营全过程所有常规和非常规状态的作业活动。

4.2.1.2　风险点清单的内容

煤矿应对生产经营的所有环节进行风险点排查，形成风险点名称、所在位置、可能导致事故类型、风险等级等内容的基本信息，一点一表，编制风险点清单。

4.2.1.3　风险点级别的确定

按风险点所有危险源评价出的最高风险级别作为该风险点的级别。

4.2.2　常见的风险点排查方法

（1）按事故类型排查。企业按事故类型进行风险点排查任务划分时，可按照对口单位负责的方式指派其负责企业内部所有与该类型事故相关的风险点排查任务，也可以由相关单位自行按照标准进行本单位业务范围内各种事故类型的对应填报工作。这种方式管理相对简单，任务明确，且辨识的结果重复少、重点突出，便于企业将精力集中在主要风险点上。但这种方法的缺点也非常明显：首先是对于员工而言，针对性不强，员工不太理解每一个风险对自身的意义；其次，排查出的风险点与组织机构的对应性一般，不易落实整改。

（2）按专业工种排查。按专业工种排查是将所有排查任务与岗位结合起来，每种岗位由若干个专家或资深业务人员共同完成排查任务。显然，这种排查逻辑思路是将企业所有的工作进行统计，然后对任务进行统一分配。其优点是识别相对详细、准确，任务完成质量高，能够在较短时间内建立起一个较为完整、规范的风险数据库，且增、改、删都非常方便，便于管理。该方法是当前大多数企业进行风险点排查的主导性方法，排查任务的计划、组织、控制都能够有所保障。

（3）按业务流程排查。按业务流程排查的特点是以业务操作过程为线索，辅以动作分析等方法，详细分析每一步工作中可能伴随的风险点。其优点是能够非常细致地发现企业中存在的各种风险；由于其面向流程的特征，故排查过程必然涉及每一个和流程有关的员工，使风险点排查和培训合为一体；在对员工的宣传和企业安全文化的建立方面，效果最好；风险点与员工结合紧密，所有员工的责任清晰；一旦出现隐患，整改迅速。然而，由于企业中的业务流程往往是跨组织部门的，因此与流程紧密结合的风险排查方法的局限性也非常明显，其典型的问题包括：针对某一工作任务和某一工作岗位，系统性风险点的排查有遗漏；由于流程不同，类似的风险点在不同流程中排查后得到的结果往往并不相同，故其排查的风险点数量最为庞大，且重复比例高。

（4）按部门或场所排查。按部门或场所排查的思路是沿企业组织结构或空间布局来划分排查任务，从而明确所有排查工作的责任。在操作过程中，该方法先划分小区、工作场所，确定辨识单元，再从"人、机、环、管"四个方面查找风险。这种划分方式较易实现企业所有风险点的全覆盖，也容易明确各单位的责任。该方法的优点是排查工作责任划分方便，容易开展，容易控制，只要企业的组织机构设置合理，最终形成的风险数据库与组织机构的结合非常紧密。该方法的缺点主要是排查过程仍存在诸多的重复现象，且业务操作过程结合度不足。

（5）按相关标准排查。按企业所在行业需要遵循的相关安全标准进行排查，依次将标准中所有条目转换成日常工作中的风险。该方法在操作过程中可以先将标准或规程中的条目按专业进行划分，布置给对应的专业人员去排查。这种排查方法所涉及的人员是最少的，而且时间比较快，规范性非常好。其缺点主要表现为风险覆盖面差，可以说是几种方法中最差的一种，很多一般性的风险点并不会在标准和规程中明确规定，导致后期的风险数据库存在遗漏。此外，这种方法在排查过程中，对每一个规章条目的具体分解往往会较为复杂，且偏宏观、不易落实在日常工作中的内容相对其他方法较多。

每一种风险点排查方法都有优缺点，企业在排查时可以根据自身的特点和安全管理的规划等进行选择。这几种排查方法彼此并不是完全排斥的，也可以在具体排查过程中以某一种方法为主体，同时灵活采用多种不同的方法，以最有效地达到全面、准确排查风险点的目标。

4.2.3　煤矿安全风险辨识方法

4.2.3.1　煤矿常用的安全风险辨识方法

在具体的安全风险辨识上，煤矿常用的辨识方法如下。

（1）询问交谈。找有丰富工作经验的人员，请其直接指出工作中的危害，可以初步分析工作中存在的风险。

（2）现场观察。需要有一定的安全技术知识和掌握较全面的安全生产法律、法规、标准的工程技术人员进行现场检查剖析。

（3）查阅有关记录。查阅曾经发生的事故（包括未遂）档案、职业病记录等。

（4）获取外部信息。查阅系统内兄弟单位的现有文献资料，吸取兄弟单位的事故教训等。

（5）工作任务分析。分析每个工作岗位中所涉及的危害。需要有较高的综合安全素质和丰富的实践经验。

（6）安全检查表。运用已编制好的安全检查表，对组织进行系统的安全检查，可辨识出存在的风险。

风险辨识要防止遗漏，要分析两种活动时的危险因素，充分考虑三种时态和三种状态下潜在的各种危险，分析在约束失效，设备、装置破坏及操作失误后可能产生后果的风险。

两种活动为正常活动和非正常活动。

三种时态为过去、现在、将来。

三种状态为正常、异常、紧急。

七种职业健康安全危害为机械、电气、化学、辐射、热能、生物、人机工程。

七种环境因素为大气、水体、土壤、噪声、废物、资源和能源、其他。

4.2.3.2　风险类型的确定

确定风险类型时，要根据风险产生的原因进行判断确定，包括"人、机、环、管"四种类型。在确定风险类型时，同一风险因其存在的原因不同，其所属的风险类型也不同。如果某一风险同时存在多种风险类型，则应进一步予以分析，分别加以考虑。一个风险必须明确一个管理对象，因此当管理对象不同时，也应分析。

4.2.3.3 管控措施的确定

管控措施是指达到管理标准的具体方法、手段。管控措施是指通过什么方法能让风险达到这种程度（标准）。管控措施要写清楚谁应该干什么、怎么干、何时何地干才能达到管理标准。

4.3 风险评估概述

4.3.1 风险评估方法

风险评估旨在为有效的风险应对提供基于证据的信息和分析，风险评估包括风险识别、风险分析和风险评价三个步骤。

（1）风险识别。风险识别是发现、列举和描述风险要素的过程。风险识别的方法包括：1）基于证据的方法，如检查表法以及对历史数据的评审；2）系统性的团队方法，如一个专家团队遵循系统化的过程，通过一套结构化的提示或问题来识别风险；3）归纳推理技术，如危险与可操作性分析等。

（2）风险分析。风险分析需要考虑导致风险的原因和风险源、风险事件的后果及其发生的可能性、影响后果和可能性的因素、不同风险及其风险源的相互关系以及风险的其他特性，还要考虑控制措施是否存在及其有效性。目的是要增进对风险的理解，为风险评价、风险应对以及最恰当的应对策略和方法提供信息支持。

用于风险分析的方法可以是定性的、半定量的、定量的或以上方法的组合。

（3）风险评价。风险评价包括将风险分析的结果与预先设定的风险准则相比较，或者在各种风险的分析结果之间进行比较，确定风险的等级。风险评价利用风险分析过程中所获得的对风险的认识，对未来的行动进行决策。

4.3.2 常用的风险分析方法

适用于开展风险分析的方法很多，本节主要介绍作业条件危险性分析（LEC）、作业条件风险分析法（MES 法）、MLS 评价法、风险矩阵分析法（LS）。

4.3.2.1 作业条件危险性分析法

作业条件危险性分析法（LEC）也叫风险度评价法，是人们在具有潜在危险性环境中作业时的危险性半定量评价方法。首先将作业条件的危险性作为因变量（D），将事故或危险事件发生的可能性（L）、人们暴露于危险环境的频率（E）、一旦发生事故会造成的损失后果（C）作为自变量，采取半定量计值法，给三个自变量分别确定分值，再以三个变量的乘积评价风险的大小：

$$D = L \times E \times C \tag{4-3}$$

式中，D 为风险度；L 为事故或危险事件发生的可能性；E 为人们暴露于危险环境的频率；C 为发生事故会造成的损失后果。

D 值越大，说明该系统危险性越大，需要增加安全措施，或改变发生事故的可能性，或减少人体暴露于危险环境中的频繁程度，或减轻事故损失，直到调整到允许范围。

根据实际经验他们给出了 3 个自变量的各种不同情况的分数值，采取对所评价的对象根据情况进行打分的办法，然后根据公式计算出其危险性分数值，再按危险性分数值划分的危险程度等级表，查出其危险程度的一种评价方法。这是一种简单易行的评价作业条件危险性的方法。各值判定准则见表 4-3～表 4-6。

事故或危险事件发生的可能性大小，当用概率表示时，绝对不可能的事件发生概率为 0，而必然发生的事件的概率为 1。但在做系统安全考虑时，绝对不发生事故是不可能的，所以人为地将"发生事故可能性极小"的分数定义为 0.1，而必然要发生事故的分数值定为 10，介于两者之间的按照表 4-3 参考取值。

表 4-3　事件发生的可能性（L）判定准则

分值	事故、事件或偏差发生的可能性
10	完全可以预料（每周 1 次以上）
6	相当可能（每 6 个月发生 1 次）；或危险的发生不能被发现（没有监测系统）；或在现场没有采取防范、监测、保护、控制措施；或在正常情况下经常发生此类事故、事件或偏差
3	可能，但不经常（1 次/3 年）；或危害的发生不容易被发现；现场没有检测系统或保护措施（如没有保护装置、没有个人防护用品等），也未做过任何监测；或未严格按操作规程执行；或在现场有控制措施，但未有效执行或控制措施不当；或危害在预期情况下发生
1	可能性小，完全意外（1 次/10 年）；或危害的发生容易被发现；现场有监测系统或曾经做过监测；或过去曾经发生类似事故、事件或偏差；或在异常情况下发生过类似事故、事件或偏差
0.5	很不可能，可以设想（1 次/20 年）；危害一旦发生能及时发现，并能定期进行监测
0.2	极不可能（只是理论上的事件）；有充分、有效的防范、控制，监测、保护措施；或员工安全卫生意识相当高，严格执行操作规程
0.1	实际不可能

人员出现在危险环境中的时间越多，则危险性越大。连续暴露在危险环境中定为 10，非常罕见地出现在危险环境中定为 0.5，介于两者之间的按照表 4-4 参考取值。

表 4-4　暴露于危险环境的频繁程度（E）判定准则

分　值	频繁程度
10	连续暴露
6	每天工作时间内暴露
3	每周一次或偶然暴露
2	每月一次暴露
1	每年一次暴露
0.5	非常罕见的暴露

由于事故造成人身伤害变化范围很大，所以规定分数值为 1～100，把需要救护的轻微伤害规定分数为 1，把造成多人死亡的可能性分数规定为 100，介于两者之间的按照表 4-5 参考取值。

表 4-5　发生事故产生的后果严重性（C）判定准则

分值	法律法规及其他要求	人员伤亡	直接经济损失	停工
100	严重违反法律法规和标准	10 人以上死亡，或 50 人以上重伤	5000 万元以上	公司停产
40	违反法律法规和标准	3 人以上 10 人以下死亡，或 10 人以上 50 人以下重伤	1000 万元以上	装置停工
15	潜在违反法规和标准	3 人以下死亡，或 10 人以下重伤	100 万元以上	部分装置停工
7	不符合上级或行业的安全方针、制度、规定等	丧失劳动力、截肢、骨折、听力丧失、慢性病	10 万元以上	部分设备停工
2	不符合公司的安全操作程序、规定	轻微受伤、间歇不舒服	1 万元以上	1 套设备停工
1	完全符合	无死亡	1 万元以下	没有停工

　　风险等级判断准则及控制措施见表 4-6。根据经验，风险值分值在 20 以下被认为是低危险的。如果危险性分值在 10~160 之间，为有显著危险性，需要及时整改。如果危险性分值在 160~320 之间，那就是一种必须立即采取措施进行整改的高度危险环境。如果危险性分值在 320 以上表示环境非常危险，应立即停止生产直到环境得到改善为止。

表 4-6　风险等级判定准则及控制措施

风险值	风险等级		应采取的行动/控制措施	实施期限
>320	A/1 级	极其危险	在采取措施降低危害前，不能继续作业，对改进措施进行评估	立刻
160~320	B/2 级	高度危险	采取紧急措施降低风险，建立运行控制程序，定期检查、评估	立即或近期整改
70~160	C/3 级	显著危险	可考虑建立目标、建立操作规程，加强培训及沟通	2 年内治理
20~70	D/4 级	轻度危险	可考虑建立操作规程、作业指导书，但需定期检查	有条件、有经费时治理
<20	E/5 级	稍有危险	无需采用控制措施，但需保存记录	

4.3.2.2　作业条件风险分析法修订

　　（1）事故发生的可能性（L）。人身伤害事故和职业相关病症发生的可能性主要取决于对特定危害的控制措施的状态 M 和人体暴露于危害（危险状态）的频繁程度 E_1；单纯财产损失事故和环境污染事故发生的可能性主要取决于对于特定危害的控制措施的状态 M 和危害（危险状态）出现的频次 E_2。

　　（2）控制措施的状态（M）。对于特定危害引起特定事故（这里"特定事故"一词既包含"类型"的含义，如碰伤、灼伤、轧入、高处坠落、触电、火灾、爆炸等；也包含"程度"的含义，如死亡、永久性部分丧失劳动能力、暂时性全部丧失劳动能力、仅需急救、轻微设备损失等）而言，无控制措施时发生的可能性较大，有减轻后果的应急措施时发生的可能性较小，有预防措施时发生的可能性最小。

116

控制措施的状态 M 的赋值见表4-7。

表4-7　控制措施的状态（M）判定准则

分数值	控制措施的状态
5	无控制措施
3	有减轻后果的应急措施，如警报系统、个体防护用品
1	有预防措施，如机器防护装置等，但须保证有效

（3）人体暴露于危险状态或危险状态出现的频繁程度（E）。人体暴露于危险状态的频繁程度越大，发生伤害事故的可能性越大；危险状态出现的频次越高，发生财产损失的可能性越大。人体暴露的频繁程度或危险状态出现的频次 E 的赋值见表4-8。

表4-8　人体暴露的频繁程度或危险状态出现的频次（E）判定准则

分数值	E_1（人身伤害和职业相关病症）：人体暴露于危险状态的频繁程度	E_2（财产损失和环境污染）：危险状态出现的频次
10	连续暴露	常态
6	每天工作时间内暴露	每天工作时间出现
3	每周一次，或偶然暴露	每周一次，或偶然出现
2	每月一次暴露	每月一次出现
1	每年几次暴露	每年几次出现
0.5	更少的暴露	更少的出现

注：1. 8小时不离工作岗位，算"连续暴露"；危险状态常存，算"常态"。

2. 8小时内暴露一至几次，算"每天工作时间暴露"；危险状态出现一至几次，算"每天工作时间出现"。

（4）事故的可能后果（S）。表4-9表示按伤害、职业相关病症、财产损失、环境影响等方面不同事故后果的分档赋值。

表4-9　事故的可能后果（S）判定准则

分数值	事故的可能后果			
	伤害	职业相关病症	财产损失/元	环境影响
10	有多人死亡		>1000万	有重大环境影响的不可控排放
8	有一人死亡或多人永久失能	职业病（多人）	100万~1000万	有中等环境影响的不可控排放
4	永久失能（一人）	职业病（一人）	10万~100万	有较轻环境影响的不可控排放
2	需医院治疗，缺工	职业性多发病	1万~10万	有局部环境影响的可控排放
1	轻微，仅需急救	职业因素引起的身体不适	<1万	无环境影响

注：表中财产损失一栏的分档赋值，可根据行业和企业的特点进行适当调整。

（5）根据可能性和后果确定风险程度（R）。将控制措施的状态 M、暴露的频繁程度 E（E_1 或 E_2）、一旦发生事故会造成的损失后果 S 分别分为若干等级，并赋予一定的相应分值。风险程度 R 为三者的乘积。将 R 亦分为若干等级。针对特定的作业条件，恰当选取 M、E、S 的值，根据 $R=L \cdot S=MES$，相乘后的积确定风险程度 R 的级别。风险程度的分级见表4-10。

表 4-10 风险程度的分级判定准则 (R)

分级	有人身伤害的事故 (R)	单纯财产损失事故 (R)
一级	>180	30~50
二级	90~150	20~24
三级	50~80	8~12
四级	20~48	4~6
五级	<18	<3

注：风险程度是可能性和后果的二元函数。当用两者的乘积反映风险程度的大小时，从数学上讲，乘积前面应当有一系数。但系数仅是乘积的一个倍数，不影响不同乘积间的比值；也就是说，不影响风险程度的相对比值。因此，为简单起见，将系数取为1。

该方法将风险程度 (R) 表示为 $R=LS$。其中，L 表示事故发生的可能性，S 表示事故后果。人身伤害事故发生的可能性主要取决于人体暴露于危险环境的概率 E 和控制措施的状态 M。对于单纯的财产损失事故，不必考虑暴露问题，只考虑控制措施的状态 M 即可。

MES 法的适用范围很广，不受专业限制，可以看作是对 LEC 评价法的改进。

4.3.2.3 风险矩阵分析法

风险矩阵分析法（简称 LS），$R=L \cdot S$，其中 R 是风险值，事故发生的可能性与事件后果的结合，L 是事故发生的可能性；S 是事故后果的严重性。R 值越大，说明该系统危险性大、风险大。各值判定准则分别见表 4-11~表 4-13，风险矩阵如图 4-5 所示。

表 4-11 事故发生的可能性 (L) 判定准则

等级	标准
5	现场没有防范、监测、保护、控制措施，或危害的发生不能被发现（没有监测系统），或在正常情况下经常发生此类事故或事件
4	危害的发生不容易被发现，现场没有检测系统，也未发生过任何监测，或在现场有控制措施，但未有效执行或控制措施不当，或危害发生或预期情况下发生
3	没有保护措施（如没有保护装置没有个人防护用品等），或未严格按操作程序执行，或危害的发生容易被发现（现场有监测系统），或曾经做过监测，或过去曾经发生类似事故或事件
2	危害一旦发生能及时发现，并定期进行监测，或现场有防范控制措施，并能有效执行，或过去偶尔发生事故或事件
1	有充分、有效的防范、控制、监测、保护措施，或员工安全意识相当高，严格执行操作规程，极不可能发生事故或事件

表 4-12 事件产生的后果严重性 (S) 判定准则

等级	法律法规及其他要求	人员伤亡	直接经济损失	停工	公司形象
5	违反法律法规和标准	死亡	100万元以上	部分装置（>2套）或设备	重大国际影响

等级	法律法规及其他要求	人员伤亡	直接经济损失	停工	公司形象
4	潜在违反法规和标准	丧失劳动力	50 万元以上	2 套装置停工或设备停工	行业内、省内影响
3	不符合上级或行业的安全方针、制度、规定等	截肢、骨折、听力丧失、慢性病	1 万元以上	1 套装置停工或设备停工	地区影响
2	不符合公司的安全操作程序、规定	轻微受伤、间歇不舒服	1 万元以下	受影响不大，几乎不停工	公司及周边范围
1	完全符合	无死亡	无损失	没有停工	形象没有受损

表 4-13　安全风险等级判定准则（R）及控制措施

风险值	风险等级		应采取的行动/控制措施	实施期限
20~25	A/1 级	极其危险	在采取措施降低危害前，不能继续作业，对改进措施进行评估	立刻
15~16	B/2 级	高度危险	采取紧急措施降低风险，建立风险控制机制，定期检查、评估	立即或近期整改
9~12	C/3 级	显著危险	可考虑建立目标、建立操作规程，加强培训及沟通	2 年内治理
4~8	D/4 级	轻度危险	可考虑建立操作规程、作业指导书，但需定期检查	有条件、有经费时治理
1~3	E/5 级	稍有危险	无需采用控制措施	需保存记录

	5	轻度危险	显著危险	高度危险	极其危险	极其危险
后果等级	4	轻度危险	轻度危险	显著危险	高度危险	极其危险
	3	轻度危险	轻度危险	显著危险	显著危险	高度危险
	2	稍有危险	轻度危险	轻度危险	轻度危险	显著危险
	1	稍有危险	稍有危险	轻度危险	轻度危险	轻度危险
		1	2	3	4	5

可能性等级

图 4-5　风险矩阵

4.3.2.4　HAZOP 法

A　HAZOP 法概述

危险和可操作性分析是对危险和可操作性问题进行详细识别的过程，由一个小组完成。原理是背景各异的专家们在一起工作，就能够在创造性、系统性和风格上互相影响和启发，能够发现和鉴别更多的问题，这样做要比他们独立工作并分别提供结果更为有效。

B HAZOP法特点及适用范围

危险和可操作性研分析方法的优点是简便易行，且背景各异的专家在一起工作，在创造性、系统性和风格上互相影响和启发，能够发现和鉴别更多的问题，汇集了集体的智慧，这要比他们单独工作时更为有效。其缺点是分析结果受分析评价人员主观因素的影响。

危险和可操作性分析方法适用于设计阶段和现有的生产装置的评价。

C HAZOP法相关的概念

（1）节点。通常将复杂的工艺系统分解成若干"子系统"，每个子系统称作一个"节点"。

（2）偏离。此处的"偏离"指偏离所期望的设计意图。例如储罐在常温常压下储存300t的某物料，其设计意图是在上述工艺条件下，确保该物料处于所希望的储存状态，如果发生了泄漏，或者温度降低到低于常温的某个温度值，就偏离了原本的意图。

（3）引导词。是一个简单的词或词组，用来限定或量化意图，并且联合参数以便得到偏离，如"没有""较多""较少"等。分析团队借助引导词与特定"参数"的相互搭配，来识别异常的工况，即所谓"偏离"的情形。例如，"没有"是其中一个引导词，"流量"是一种参数，两者搭配形成一种异常的工况偏离："没有流量"。当分析的对象是一条管道时，据此引导词，就可以得出该管道的一种异常偏离"没有流量"。

（4）事故剧情。是一个可能的事故所包含的事件序列的完整描述。事故剧情从一个或多个初始原因事件开始，经历一个或多个中间关键事件的传播过程，终止于一个或多个事故后果事件。事故剧情至少应包括某个初始事件和由此导致的后果；有时初始事件本身并不会马上导致后果，还需要具备一定的条件，需要考虑时间因素。

（5）后果。HAZOP分析中所谓的"后果"，是偏离所导致的结果，即某个事故剧情对应的不利后果。就某个事故剧情而言，后果是指偏离发生后，在现有安全措施都失效的情况下，可能持续发展形成的最坏的结果，诸如化学品泄漏、火灾、爆炸、人员伤害、环境损害和生产中断等。

D HAZOP法分析流程

常规HAZOP分析流程如图4-6所示。

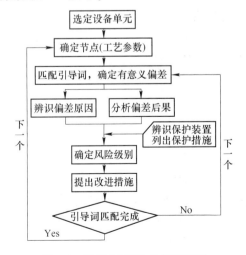

图4-6 常规HAZOP分析流程图

（1）输入。HAZOP的主要输入数据是有关计划审批的系统、过程或程序，以及设计意图与效果说明书的现有信息。输入数据可能包括说明书、工艺流程图、逻辑图、布局图、历史数据、操作及维修程序，以及紧急情况响应程序。

（2）输出。对于每个评审点的项目，做好HAZOP会议的会议记录。这包括使用的引导词、偏差、可能的原因、处理所发现问题的行动以及行动负责人。对于任何无法纠正的偏差，需要对偏差造成的风险进行评估。

（3）步骤。HAZOP依据设计图、流程说明、操作程序等对系统各组成部分进行审查，检查是否存在偏离预期效果的偏差、潜在原因以及偏差可能造成的结果。通过使用合适的引导词，对于系统、过程或程序的各个部分对关键参数变化的反应方式进行系统性分析，就可以实现上述目标。

4.4　煤矿双重预防机制建设总体系

4.4.1　煤矿双重预防机制实施程序及构建

4.4.1.1　安全风险分级管控程序

根据风险管理要求，煤矿可以构建如图4-7所示的程序执行路线。

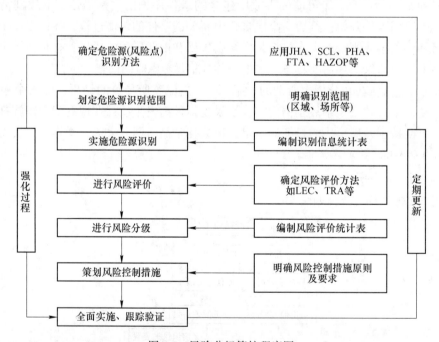

图4-7　风险分级管控程序图

4.4.1.2　煤矿安全风险分级管控体系框架

风险分级管控体系是煤矿安全管理体系的子系统，煤矿应按照政府有关要求，结合自身实际，编制实施自身的风险分级管控体系及实施指南（可合并编制）。《风险分级管控体系实施指南》建议编制大纲如下。

（1）编制目的。阐明开展风险分级管控的工作目的和意义，确保内部所有人员能够清楚地认识到该项工作开展的重要意义。

（2）编制依据。编制依据主要包括法规、标准、相关政策以及企业内部制定相关规定等要求。

（3）总体要求、目标与原则。明确开展该项工作的严肃性和总要求，明确开展该项工作要实现的最终目标以及应坚持的原则，确保该项工作开展的长期性、有效性。

（4）职责分工。明确该项工作开展的主责部门（牵头、督导及考核）、责任部门及相关参与部门应履行风险点识别、风险评价及风险管控过程中应承担的职责，并将职责分工要求纳入安全生产责任制进行考核，确保实现"全员、全过程、全方位、全天候"的风险管控。

（5）风险点识别方法。

1）风险点识别范围的划分要求。比如以生产区域、作业区域或者作业步骤等划分，确保风险点识别全覆盖。

2）风险点识别方法。建议以安全检查表法（SCL）对生产现场及其他区域的物的不安全状态、作业环境不安全因素及管理缺陷进行识别；以作业危害分析法（JHA）并按照作业步骤分解逐一对作业过程中的人的不安全行为进行识别。

（6）风险评价方法。企业应经过研究论证确定适用的风险评价方法，从方便推广和使用角度，建议采用作业条件危险性分析（修订的 LEC）或者风险矩阵法（LS）进行风险大小的判定。

（7）风险分级及管控原则。企业应根据风险值的大小将风险分成四级，明确分级管控的原则要求。

（8）风险控制措施策划。企业应依次按照工程控制措施、安全管理措施、个体防护措施以应急措施等四个逻辑顺序对每个风险点制定精准的风险控制措施。

（9）风险分级管控考核方法。为确保该项工作有序开展及事故纵深预防效果，企业应对风险分级管控制定实施内部激励考核方法。

（10）风险点识别及分级管控记录使用要求。指南应事先确定体系构建及运行过程中可能涉及的记录表格，并明确提出每个记录表格的填写要求及保存期限。

4.4.1.3　事故隐患排查治理程序

事故隐患排查与治理是企业事故预防的末端环节，通过该体系的建立与实施，打破过去"安全工作就是安全主管部门一家的事情"的管理劣势，实现事故隐患的群防群治、齐抓共管，在运行过程中，实现"安全专业"（从事安全管理的人员在专业程度上持续提升）和"专业安全"（从事其他专业职能的人员在专业管理领域里的安全认知与安全知识持续提升）的目标。

根据事故隐患排查治理要求，建议煤矿构建体系过程中按照图4-8程序执行。

4.4.1.4　事故隐患排查治理体系框架

事故隐患排查治理体系是煤矿安全管理体系的子系统，煤矿应按照政府有关要求结合自身实际，编制实施自身的事故隐患排查治理体系及实施指南（可合并编制）。《事故隐患排查治理体系实施指南》建议编制大纲如下。

（1）编制目的。为了系统有序地做好事故隐患排查与治理工作，切实落实"一岗双

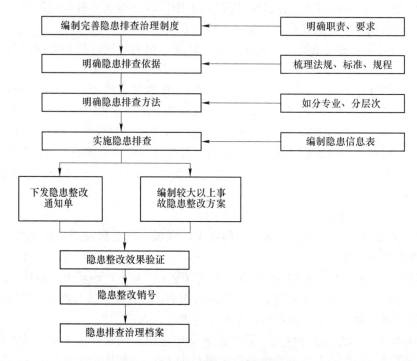

图 4-8　事故隐患排查治理程序图

责",明确各职能部门和各单位职责,明确工作内容、工作程序及考核要求,特制订本指南。

(2)编制依据。指南编制依据《安全生产法》《生产经营单位安全生产主体责任规定》及相关政策要求,并充分结合煤矿安全管理实际。

(3)总体要求、目标。

1)总体要求。实现作业现场事故隐患的动态管理,按照责任制要求,确保事故隐患能够及时发现、及时治理,最大限度防止各类事故发生。

2)总体目标。实现作业现场隐患排查治理的"全覆盖、无死角、无空档";实现"零隐患、零伤害"目标。

(4)职责分工。按照专业特点、区域特点、职能层级等进行职责分工。

(5)事故隐患排查方法。隐患排查与治理是煤矿安全生产主体责任的重要内容,隐患排查不同于一般的企业日常安全检查或安全巡视,隐患排查必须做到有组织体系、有排查标准、有排查记录、有排查整改方案、有整改效果验证等"五有"要求,两者互为补充。

(6)事故隐患排查标准。煤矿应根据法律法规、标准规程、规范与要求编制不同专业、不同检查层级的隐患排查标准,隐患排查标准应用安全检查表的方法逐一制定。利用检查条款按照相关的标准、规范等对已知的危险类别、设计缺陷以及与工艺设备、操作、管理有关的潜在危险性和有害性进行判别检查。

(7)事故隐患治理原则与程序。煤矿应按照班组级、区队级及矿级三个级别对事故隐患实行分级治理。不同层级负责的隐患治理由治理所需的资源配置、权限、管理及技术能力等因素来确定。每一级均应建立健全隐患治理台账，对隐患清单、隐患治理过程以及隐患治理效果验证均应保持完整记录。

（8）事故隐患等级划分。按照隐患的危险程度，可以参照《安全生产事故隐患排查治理暂行规定》，可分为一般隐患、较大隐患和重大隐患三个等级。其中：一般事故隐患，是指易导致伤害事故发生，但整改难度较小，在发现后能够立即整改排除的隐患。较大事故隐患，是指易导致一般事故发生，但有一定整改难度，在短期内能够立即整改排除的隐患。重大事故隐患，是指易导致较大以上事故发生且整改难度很大，应当全部或者局部停产停业，并经过一定时间整改、治理方能排除的隐患，或外部因素影响致使生产经营单位自身难以排除的隐患。

（9）事故隐患治理措施。

1）企业层面治理措施。企业应根据隐患排查的结果，制定隐患治理方案，对隐患及时进行治理。隐患治理措施主要包括工程技术措施、管理措施、教育措施、防护措施和应急措施。治理完成后，应对治理情况进行验证和效果评估。

2）政府层面治理措施。负有安全生产监督管理职责的部门依法对存在重大事故隐患的生产经营单位做出停产停业、停止施工、停止使用相关设施或者设备的决定，生产经营单位应当依法执行，及时消除事故隐患。生产经营单位拒不执行，有发生生产安全事故的现实危险的，在保证安全的前提下，经本部门主要负责人批准，负有安全生产监督管理职责的部门可以采取通知有关单位停止供电、停止供应民用爆炸物品等措施，强制生产经营单位履行决定。通知应当采用书面形式，有关单位应当予以配合。

（10）事故隐患治理效果验证。隐患排查治理应符合"闭环管理"，对隐患治理的效果进行验证和跟踪，按照隐患等级明确效果验证责任部门和验证程序要求。对已按照要求整改的隐患及时销号，对未按期和按要求整改的隐患应督促整改并实施考核。

（11）事故隐患排查治理体系运行记录。煤矿应建立健全事故隐患排查与治理档案，建立健全各类隐患排查与治理记录。

4.4.2 煤矿双机制建设总体要求

4.4.2.1 工作程序

煤矿企业可参照如图4-9所示的基本程序，逐步推进本煤矿双重预防机制建设。

4.4.2.2 人员培训

要使专业技术人员首先具备双重预防机制建设所需的相关知识和能力，再通过他们将相关知识和理念传播给全体员工，带领全体员工以正确的方法工作，确保双重预防机制建设工作顺利开展。通过培训提升全体员工的风险意识。对于大部分煤矿来说，安全风险分级管控是个新鲜事物，目前绝大部分煤矿员工并不了解风险为何物。因此，要通过各种形式向全体员工宣传风险管理的理念，使员工充分认识安全风险分级管控对于保障员工安全的重要作用，真正树立起风险意识。

组织对全体员工开展有针对性的培训。要组织对全体员工开展关于风险管理理论、风险辨识评估方法和双重预防机制建设的技巧与方法等内容的培训，使全体员工掌握双重预防机制建设相关知识，尤其是具备参与风险辨识、评估和管控的能力，为双重预防机制建设奠定坚实的基础。

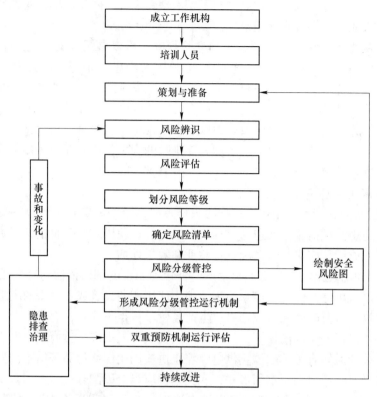

图 4-9　煤矿双重预防机制基本程序

4.4.2.3　风险辨识与评估

A　信息收集与准备

在开展风险辨识与评估前，煤矿收集、处理风险辨识评估相关资源与信息，确保风险辨识评估全面、充分。

B　风险辨识

煤矿应从地理区域、自然条件、作业环境、工艺流程、设备设施、作业任务等各个方面进行辨识。充分考虑分析"三种时态"和"三种状态"下的危险有害因素，分析危害出现的条件和可能发生的事故或故障模型。

"三种时态"是指过去时态、现在时态、将来时态。过去时态主要是评估以往残余风险的影响程度，并确定这种影响程度是否属于可接受的范围；现在时态主要是评估现有的风险控制措施是否可以使风险降低到可接受的范围；将来时态主要是评估计划实施的生产活动可能带来的风险影响程度是否在可接受的范围。

"三种状态"是指人员行为和生产设施的正常状态、异常状态、紧急状态。人员行为和生产设施的正常状态即正常生产活动，异常状态是指人的不安全行为和生产设施故障，紧急状态是指将要发生或正在发生的重大危险，如设备被迫停运、火灾爆炸事故等。

C　风险评估

风险评估是在风险辨识的基础上，通过确定风险导致事故的条件、事故发生的可能性和事故后果严重程度，进而确定风险大小和等级的过程。

表4-14列出了一些常用的评估方法及其适用范围。选取风险评估方法时应根据评估的特点、具体条件和需要，针对评估对象的实际情况和评估目标，经认真分析比较后选用。必要时，可选用几种评估方法对同一评估对象进行评估，互相补充、互为验证，以提高评估结果的准确性。

表4-14 常用的风险评估方法

序号	评估方法	评估目的	适用范围	定性/定量	可提供的评估结果			
					事故原因	事故频率/概率	事故后果	风险分级
1	安全检查表法	危害分析安全等级	设备设施管理活动	定性	不能	不能	不能	不能
2	头脑风暴法	危害分析事故原因	设备设施管理活动	定性	提供	不能	提供	不能
3	因果分析图法（鱼刺图法）	危害分析事故原因	设备设施管理活动	定性	提供	不能	提供	不能
4	情景分析法	危害分析事故原因	设备设施管理活动	定性	提供	不能	提供	不能
5	预先危险性分析法	危害分析风险等级	项目的初期阶段、维修、改扩建、变更	定性	提供	不能	提供	提供
6	事故树分析法	事故原因事故概率	已发生的和可能发生的事故、事件	定量	提供	提供	不能	概率分级
7	故障类型及影响分析法	故障原因影响程度风险等级	设备设施系统	定性	提供	提供	提供	事故后果分级
8	危险与可操作性研究法	偏离原因后果及其对系统的影响	复杂工艺系统	定性	提供	提供	提供	事故后果分级
9	风险矩阵法	风险等级	设备管理及人员管理	平定量	不能	提供	提供	提供
10	作业活动风险评估法	风险等级	作业活动	半定量	提供	提供	提供	提供
11	作业条件危险性分析法	风险等级	作业活动	半定量	不能	提供	提供	提供
12	人员可靠性分析法	人员失误	人员行为	定量	提供	提供	不能	不能
13	危险度评价法	风险等级	装置单元和设备	定量	不能	不能	不能	提供
14	道化学公司火灾、爆炸危险指数评价法	火灾爆炸、毒性及系统整体分析等级	化工类工艺过程	定量	不能	不能	提供	提供
15	ICI公司蒙德火灾、爆炸、毒性指标法	火灾爆炸、毒性及系统整体分析等级	化工类工艺过程	定量	不能	不能	提供	提供
16	易燃易爆有毒重大危险源评价法	火灾爆炸、毒性及系统整体分析等级	化工类工艺过程	定量	不能	不能	提供	提供
17	事故后果模拟分析法	事故后果	区域及设施	定量	不能	提供	提供	提供

4.4.2.4 风险分级与管控

A 风险分级

企业可根据自身实际情况，选择适用的风险评估方法，依据统一标准对本企业的安全风险进行有效的分级。

为使企业风险分级工作相对统一，推荐采用风险判定矩阵确定安全风险等级，从高到低依次划分为重大风险、较大风险、一般风险和低风险四级，分别采用红、橙、黄、蓝四种颜色标示。

判定事故发生的可能性和事故后果严重程度，需要选择适用的定性或定量风险评估方法进行科学判定。一般推荐优选矩阵法和 LEC 法，分级比较见表 4-15。

表 4-15　风险矩阵分析法（LS）与作业条件危险性分析法（LEC）比较表

级别	颜色	$R = L \cdot S$	$D = L \cdot E \cdot C$		
一级风险	重大风险	红	$30 \sim 36$	$D \geqslant 320$	$D \geqslant 270$	$D \geqslant 140$
二级风险	较大风险	橙	$18 \sim 25$	$160 \leqslant D < 320$	$140 \leqslant D < 270$	$70 \leqslant D < 140$
三级风险	一般风险	黄	$9 \sim 16$	$70 \leqslant D < 160$	$70 \leqslant D < 140$	$20 \leqslant D < 70$
四级风险	低风险	蓝	$1 \sim 8$	$D < 70$	$D < 70$	$D < 20$

鉴于煤矿企业类型千差万别，煤矿企业风险管理水平各不相同，特别是对于一些风险较低的企业，虽然按照统一标准没有构成重大风险，仍然要按照风险管理的原则，坚持问题导向，抓住影响本企业安全生产的突出问题和关键环节，研究确定本煤矿可接受的风险程度。

B 风险清单

企业在风险辨识评估和分级之后，应建立风险清单。风险清单应至少包括风险名称、风险位置、风险类别、风险等级、管控主体、管控措施等内容。企业应将重大风险进行汇总，登记造册，并对重大风险存在的作业场所或作业活动、工艺技术条件、技术保障措施、管理措施、应急处置措施、责任部门及工作职责等进行详细说明。

C 风险分级管控的基本原则

风险越大，管控级别越高；上级负责管控的风险，下级必须负责管控。

一级（重大）风险由企业主要负责人进行管控，专业分管领导同时负责管控，风险点所在区队进行总体管控，班组、岗位负责责任范围内的危险源管控。

二级（较大）风险由专业分管领导进行管控，风险点所在区队进行总体管控，班组、岗位负责责任范围内的危险源管控。

三级（一般）风险由区队、单位、车间、科室进行管控，班组、岗位负责责任范围内的危险源管控。

四级（低）风险由班组或岗位进行管控，或因风险较小可直接忽略。

D 分级管控

安全风险分级管控，是坚守生命红线、有效遏制各类事故发生、促进安全生产形势持续稳定好转的需要，是保证和促进企业更好更快更安全发展、维护企业和谐稳定的需要。

（1）企业安全风险分级管控应遵循"分类、分级、分层、分专业"的方法，按照风险分级管控基本原则开展。

（2）企业应对安全风险进行分级管控。要建立安全风险分级管控工作制度，制定工作方案，明确安全风险分级管控原则和责任主体，分别落实领导层、管理层、员工层的风险管控职责和风险管控清单，分类别、分专业明确部门、车间、班组、岗位的安全风险管理措施。

（3）企业应在醒目位置和重点区域设置重大风险公告栏，制作岗位安全风险告知卡，标明主要安全风险、可能引发事故隐患类别、事故后果、管控措施、应急措施及报告方式等内容。同时，企业应以岗位安全风险及防控措施、应急处置方法为重点，强化风险教育和技能培训。

（4）企业应对重大风险重点管控，制定有效的管理控制措施。

（5）企业应根据自身组织机构特点，按照分级管控要求，做到事故应急的机构、编制、人员、经费、装备"五落实"。建立重大风险监测预警系统，开展重大风险分级预警和事故应急响应，做到风险预警准确，事故应急响应及时。

E　重大风险管控

由于安全风险分级管控对煤矿而言是一项全新工作，缺乏应有的工作基础，现阶段难以全面推广，所以安全生产标准化在设置内容时将重点放在防范和遏制重特大事故方面，突出对瓦斯、水、火、煤尘、顶板、冲击地压及提升运输系统等容易引发重特大事故的危险因素进行辨识和管控。同时"5+2"危险因素引发的事故也是企业难以接受和承担的，所以就需要企业严抓重大风险的管控。

4.4.2.5　绘制企业安全风险图

企业在确定安全风险清单、制定安全风险管控措施之后，应建立安全风险数据库并至少绘制两张企业安全风险图。

（1）安全风险四色分布图。企业应使用红、橙、黄、蓝四种颜色，将生产设施、作业场所等区域存在的不同等级风险，标示在总平面布置图或地理坐标图中。

（2）作业安全风险比较图。部分作业活动、生产工序、关键任务，例如动火作业、受限空间作业、危化品运输等，由于其风险等级难以在平面布置图、地理坐标图中标示，应利用统计分析的方法，采取柱状图、曲线图或饼状图等，将不同作业的风险按照从高到低的顺序标示出来，实现对重点环节的重点管控。

企业应利用信息化技术，建立安全风险信息管理系统，形成电子化的安全风险图。安全风险信息管理系统可以与隐患排查治理等相关信息管理系统融合，并将企业基本情况、风险信息、管控职责和管控措施等内容纳入其中。

4.4.2.6　常态化的双重预防机制

企业安全风险分级管控体系和隐患排查治理体系不是两个平行的体系，更不是互相割裂的"两张皮"，两者着力点不同，目标一致，侧重点不同，方向一致，两个体系相互关联、相互支撑、相互促进。在构建双重预防机制过程中，要特别注重将安全风险分级管控体系和隐患排查治理体系有机融合，充分发挥双重预防机制的作用。

通过强化安全风险辨识和分级管控，从源头上避免和消除事故隐患，进而降低事故发生的可能性；通过隐患排查，针对反复多次出现的同类型隐患，分析其规律特点，相应查找风险辨识的遗漏与缺失，查找风险管控措施的薄弱环节，进而完善风险分级管控制度；

强化重大隐患的治理，切实落实治理主体和责任，防范重大隐患演变为重大事故。

双重预防机制建设不是临时性、阶段性的工作任务，而是规范企业安全生产管理的常态化工作系统。要定期组织对双重预防机制运行情况进行评估，及时修正发现问题和偏差，不断循环往复，促进和提高双重预防机制的实效性。

4.4.3　煤矿双机制建设主体内容

4.4.3.1　安全风险和事故隐患分级原则及标准

煤矿安全风险和事故隐患根据专业性质及危险源的类别分为顶板、冲击地压、通风、瓦斯、煤尘、爆破、火灾、水灾、机电、提升、运输和其他。

（1）安全风险分级原则及标准。煤矿安全风险评估是指通过采用科学、合理方法，对危险源所伴随的潜在危险性、存在条件和触发因素及可能产生的后果（人、机、环、管）进行定性、定量评估，划分风险等级。按照从高到低的原则划分为重大风险、较大风险、一般风险和低风险，对应Ⅰ级、Ⅱ级、Ⅲ级和Ⅳ级风险，分别用红、橙、黄、蓝四种颜色标示。风险点的风险等级由各类危险源最高风险确定。

（2）事故隐患分级原则及标准。安全风险管控不到位形成事故隐患。事故隐患分为重大事故隐患和一般事故隐患。

其中，一般事故隐患是指危害较小，在采取有效安全措施后可以边治理边生产的隐患，按严重程度、解决难易、工程量大小等分为 A、B、C 三级。

A 级：危害较重，治理难度及工程量很大，须由煤矿的上级管理部门协调解决的事故隐患。

B 级：危害较轻，治理难度及工程量较大，须由煤矿限期解决的事故隐患。

C 级：危害轻，治理难度和工程量较小，煤矿区（队）、业务部门能够解决的事故隐患。

煤矿企业应根据风险分级管控的基本原则，结合本单位机构设置情况，合理确定各级风险的管控层级。风险分级管控应遵循风险越高管控层级越高的原则，对于操作难度大、技术含量高、风险等级高、可能导致严重后果的作业活动应重点进行管控。上一级负责管控的风险，下一级必须同时负责管控，并逐级落实具体措施。

4.4.3.2　安全风险分级管控和事故隐患排查治理流程

A　安全风险分级管控的流程

风险辨识应遵循大小适中、便于分类、功能独立、易于管理、范围清晰的原则，涵盖生产全过程所有常规和非常规状态的作业活动。按照以下流程开展辨识。

（1）划分风险点。

1）对生产全过程进行风险点排查，形成风险点清单，包括风险点名称、所在位置、可能导致事故类型、风险等基本信息。

2）按生产（工作）流程的阶段、场所、装置、设施、作业活动或上述几种方式的结合进行风险点排查。

3）对风险点内存在的危险源进行辨识，辨识应覆盖风险点内全部的设备设施和作业活动，并充分考虑不同状态和不同环境带来的影响。

（2）风险辨识。煤矿安全风险辨识以煤矿整体和井上下所有生产系统、环节、区域、工作地点、设备设施、岗位等为单位，以煤矿危险源辨识为基础，依据《煤矿安全规程》《煤矿安全生产标准化基本要求及评分方法（试行）》和国家相关法律、法规、标准及其他要求，以及企业相关规章制度、作业规程、操作规程、安全技术措施等开展安全风险辨识工作。

（3）风险分级。煤矿要分专业组织专家和技术人员对危险因素（人、机、环、管）进行综合风险评估，选用风险矩阵评估法、危险性定性评估法、专家评估法等简便实用方法进行定性、定量评估，确定风险等级。依据安全风险类别和等级建立煤矿安全风险数据库，绘制红橙黄蓝四色安全风险空间分布图。

（4）分级管控。煤矿要根据风险等级实施分级管控，根据安全风险转变为事故的所有因素和影响条件制定管控措施，层层落实管控责任。

B　隐患分级治理的原则

事故隐患治理应坚持及时有效、先急后缓、先重点后一般、先安全后生产的原则，必须做到不安全不生产。事故隐患治理前无法保证安全或事故隐患治理过程中出现险情时，应撤离危险区域作业人员，并设置警示标志；事故隐患治理过程中，必须有可靠的安全措施，不得冒险作业和施工，严防事故发生。

C　重大安全风险和重大事故隐患上报

煤矿必须向负有安全生产监督管理职责的部门报告重大安全风险和重大事故隐患。

（1）上报的安全风险应当包括：风险点的基本情况、危险源及危险因素的类别、风险级别和描述、风险管控措施、风险分级管控责任落实。

（2）上报的重大事故隐患信息应当包括以下内容：

隐患的基本情况和产生原因，隐患危害程度、波及范围和治理的难易程度，需要停产治理的区域，发现隐患后采取的安全措施。

D　重大风险和隐患公告警示

在井口采用电子屏或牌板等形式公示，在采掘工作面等作业场所采用牌板公示重大安全风险、重点隐患相关信息。公示内容包括风险描述、管控措施、管控单位和管控责任人；重大隐患的地点、主要内容、治理时限、责任人员和停产停工范围。明确存在重大安全风险的采掘工作面和其他作业场所，限定作业人数，并在采掘工作面显著位置挂牌公示。

4.4.4　事故隐患排查治理工作的程序和内容

4.4.4.1　编制排查项目清单

企业应依据确定的各类风险的全部控制措施和基础安全管理要求，编制包含全部应该排查的项目清单。

4.4.4.2　确定排查项目

实施隐患排查前，应根据排查类型、人员数量、时间安排和季节特点，在排查项目清单中选择确定具有针对性的具体排查项目，作为隐患排查的内容。隐患排查可分为生产现场类隐患排查或基础管理类隐患排查，两类隐患排查可同时进行。

4.4.4.3   组织实施

A   排查类型

排查类型主要包括日常隐患排查、综合性隐患排查、专业性隐患排查、专项或季节性隐患排查、专家诊断性检查和企业各级负责人履职检查等。

B   排查要求

隐患排查应做到全面覆盖、责任到人，定期排查与日常管理相结合，专业排查与综合排查相结合，一般排查与重点排查相结合。

C   组织级别

企业应根据自身组织架构确定不同的排查组织级别和频次。排查组织级别一般包括公司、专业、区队、班组、岗位。

D   治理建议

按照隐患排查治理要求，各相关层级的部门和单位对照隐患排查清单进行隐患排查，填写隐患排查记录。根据排查出的隐患类别，提出治理建议。

4.4.4.4   隐患治理

A   隐患治理要求

隐患治理实行分级治理、分类实施的原则。企业应建立五级安全隐患排查与治理网络，即矿井、专业、区队、班组、岗位五级安全隐患防控体系。严格执行董事长、总工程师牵头的安全隐患全矿月排查、分管副总工程师牵头的专业隐患旬排查、区队"三大员"负责的区队周排查、跟班管理人员及班组长负责的班前及施工过程中排查制度。

B   事故隐患治理流程

事故隐患治理流程包括：排查、记录、汇报、整改、验收、考核。

C   一般事故隐患治理

对于一般事故隐患，根据隐患治理的分级，切实落实好"六步骤""五落实"工作，"六步骤"即抓好隐患的排查、记录、汇报、整改、验收、考核等六个治理步骤，"五落实"即事故隐患治理符合责任、措施、资金、时限、预案的落实，实现隐患的全方位排查、闭合式整改。

D   重大事故隐患治理

经判定或评估属于重大事故隐患的，企业应当及时组织评估，并编制事故隐患评估报告书。

E   重大事故隐患督办

对于煤矿企业报告的重大事故隐患、煤炭管理部门在监督检查中发现的重大事故隐患、举报并经查实的重大事故隐患、其他移交并经核实的重大事故隐患，一经具有安全监管权限的煤炭管理部门确认后，必须及时向隐患治理单位下达重大事故隐患治理督办通知书。

F   隐患治理验收

隐患治理完成后，应根据隐患级别组织相关人员对治理情况进行验收，实现闭环管理。重大隐患治理工作结束后，企业应当组织对治理情况进行复查评估。

4.4.4.5 隐患排查周期

企业应根据法律、法规要求，结合企业生产工艺特点，确定综合、专业、专项、季节、日常等隐患排查类型的周期。企业应每月、专业每旬、生产单位每班、岗位随时排查施工隐患。

4.4.4.6 隐患分级管控

（1）第一环：岗位隐患管控。

第1步：排查。

岗位实行时时排查，员工在上岗前，要对本岗位和相关岗位的安全状况进行排查，包括本人安全状态、岗位范围内存在的隐患等。对存在隐患的地点，要立即按照隐患类别悬挂"隐患警示点"的警示牌。

第2步：记录。

岗位隐患排查后，将本人排查出的隐患记录在"岗位安全隐患防控日志"上。

第3步：汇报。

将排查的隐患如实汇报给巡查的班组长和安监员。如有重大隐患危及安全时，必须立即停止作业，向班组长或跟班干部汇报，紧急情况下直接向调度室汇报。

第4步：整改。

1）对排查出的隐患，自己能够解决的要立即进行处理。

2）如排查出的隐患自己解决不了，要立即向现场跟班干部或班长汇报，协调班中力量进行处理。

3）整改情况要在本人"岗位安全隐患防控日志"上填写清楚。

第5步：验收。

工作前，由班长和安监员联合对各岗位隐患整改情况进行验收，并在"岗位安全隐患防控日志"上签字确认隐患完全消除，摘掉警示牌后，方可开始工作。如治理过程危险性较大的事故隐患，治理过程中现场要有专人指挥，安监员现场监督，设置警示标识。如排查出的隐患不能彻底消除，需区队及上级部门协调解决的，通过现场采取一些措施，能确保人身及设备设施安全后，方可以暂时生产，但警示牌严禁摘除，以警示他人。另外班组长应向区队及时汇报，并在"现场隐患排查治理登记本"详细记录。如果严重威胁人身安全时，应立即停止工作，撤出人员。

第6步：考核。

对个人岗位隐患防控情况，每月检查评比一次。要严格执行好日常性检查制度，各类奖惩要有落实痕迹。

（2）第二环：班组隐患防控。

第1步：排查。

1）班组排查在交接班前进行，跟班干部、班组长和安监员对班组所辖范围内的安全状况进行全面摸底排查。

2）由班组长对各岗位排查的隐患进行汇总，连同本班组排查的隐患和上班未处理完的隐患，一并纳入班组隐患排查治理的内容。

3）对存在隐患的地点要立即按照隐患类别悬挂"隐患警示点"的警示牌。

第2步：记录。

排查后，由班组长将排查出的隐患记录在"现场隐患排查治理登记本"上，并落实整改责任人。

第3步：公示上报。

由班组长和安监员负责，将当班排查的隐患，按隐患A、B、C等级分别用红、橙、黄颜色标识在"岗点隐患分布动态防控图"上。同时标明隐患类别，对隐患问题进行公示，让每一名工作和检查人员能够直观地了解现场的安全状况。发现重大隐患应及时向区队汇报，由技术员负责记录登记。"岗点隐患分布动态防控图"与现场隐患牌板配合使用，隐患内容与岗点隐患要对应一致。

第4步：整改。

1）排查出的隐患本班组能整改的，要立即组织本班组力量及时处理。

2）如本班组排查出的隐患不能彻底消除的，要立即向区队值班人员汇报，由工区组织力量进行处理，但警示牌不能摘除。班组现场采取必要措施，确保人身及设备设施安全后可以生产，但如严重威胁人身安全，应立即停止工作，必要时撤出人员。

第5步：验收。

由跟班干部、安监员联合对班组隐患整改情况进行班中动态检查、班后验收，并在"现场隐患排查治理登记本"记录整改情况。在班后会上通报各岗点隐患排查治理情况，并将没有整改完成的隐患除向区队值班人员汇报外，还要向下一班交接清楚。

第6步：考核。

区队要对班组隐患排查治理进行严格考核，对发现和治理隐患及时，避免重大事故发生的有功人员给予一定的奖励。凡因隐患排查不力，造成漏排或采取措施不力的，要落实考核。

（3）第三环：区队隐患防控。

第1步：排查。

每周各区队由区长于周三前组织一次隐患排查会，对本单位井下所辖范围内地质、水文、顶板、机电、运输、通防等各类隐患实行周排查。

第2步：记录。

各区队技术员要按照企业统一要求，建立隐患排查与治理台账和会议记录，及时将隐患排查治理情况记录在治理台账上，技术员负责隐患排查治理日常管理工作。

第3步：公示及上报。

各区队要针对排查出的隐患，进行筛选分类，制订治理措施，及时利用班前会向员工传达通报，并于每周三的隐患集中审查会上将上周隐患的治理情况及本周隐患排查情况、治理措施等进行汇报，填表后分别报专业部室和安监处。

第4步：整改。

1）区队排查出的隐患由区长组织人员按照整改措施进行整改，整改完毕后摘掉警示牌。

2）本区队不能整改，需上级单位协调治理的隐患，由区队上报专业部室，由区队协同专业部室制订治理措施，专业部室协调力量进行治理，没有治理完毕的隐患警示牌严禁摘除。

第5步：验收。

区队排查的所有隐患治理后，由专业部室和区队联合验收，并填写验收记录单。

第6步：考核。

区队排查治理的隐患由专业部室验收考核，验收考核结果报安监处备案。

（4）第四环：专业部室隐患防控。

第1步：排查。

专业部室隐患排查实行每旬排查一次，每月对分管范围内所有隐患进行一次全面排查。

第2步：记录。

各专业部室将本部室排查出的隐患及区队上报需部门协调解决的隐患，纳入本部室治理范围，记录在隐患排查治理台账上，并建立隐患排查会议记录。

第3步：上报与反馈。

各部室要把排查出的隐患，进行筛选分类，制订防控措施。每旬第二天将隐患的治理情况及排查的隐患、治理措施、整改责任人等，填表后分别报安监处、专业副总和企业分管领导，并向隐患所属单位进行反馈。

第4步：治理。

由专业副总、分管领导牵头，各部室具体负责，组织力量落实治理，并定期检查、督促整改。

第5步：验收。

隐患治理完成后，由专业副总牵头组织，职能部室及施工单位有关人员参加进行验收，并将验收结果报安监处。安监处接到部室治理验收结果后，组织有关人员进行复查，实现隐患闭合。

第6步：考核。

由安监处隐患排查治理考核办公室负责，每月末对职能部室及施工单位集中考核。

（5）第五环：企业隐患防控。

第1步：排查。

每月25日前，由执行董事主持，总工程师协助召集各专业负责人及工程技术人员，对全企业范围内安全生产事故隐患进行月排查，由专人做好记录，对所排查隐患进行整理并存档。

第2步：公示。

由安监处负责，将企业每月排查出的事故隐患、治理措施、责任部门、整改责任人、整改期限等在企业协同办公系统上公示。及时在井口公示重大事故隐患的地点、主要内容、治理时限、责任人、停产停工范围。

第3步：上报。

由安监处负责，于每月底将本月事故隐患治理情况及下月隐患排查情况，上报集团公司和应急管理局。

第4步：治理。

1）企业重大安全隐患，由执行董事和分管单位领导负责组织力量进行治理。

2）企业排查出的重大隐患中需要集团公司协调治理的，由分管部室和安监处分别报请集团公司业务管理处室和安监处，进行协调治理。

第5步：验收。

1）企业治理的隐患由验收责任单位（部门）负责验收，验收合格后予以销号，报集团公司备案。

2）由集团公司协调治理的隐患，治理完成后由安监处申请集团公司组织验收。

第6步：考核。

1）企业协调治理的隐患治理完成后，由企业隐患治理办公室进行考核。

2）集团公司协调治理的重大隐患治理完成后，由集团公司验收并进行考核。

3）由安监处负责，根据考核结果兑现奖惩。

4.4.5　事故隐患治理措施

隐患治理的方式方法是多种多样的，企业必须考虑成本投入，需要以适当的代价取得最适当（不一定是最好）的结果。有时候隐患治理很难彻底消除隐患，这就必须在遵守法律法规和标准规范的前提下，将其风险降低到企业可以接受的程度。可以说，"最好"的方法不一定是最适当的，而最适当的方法一定是"最好"的。

4.4.5.1　工程安全技术措施

工程安全技术措施是指运用工程技术手段消除物的不安全因素，实现生产工艺和机械设备等生产条件本质安全的措施。工程安全技术措施的实施等级顺序是直接安全技术措施、间接安全技术措施、指示性安全技术措施；根据等级顺序的要求应遵循的具体原则按消除、预防、减弱、隔离、连锁、警告的等级顺序选择安全技术措施。

（1）消除。尽可能从根本上消除危险、有害因素，如实现自动化作业、遥控技术等。例如用压气或液压系统代替电力系统，防止发生电气事故；用液压系统代替压气系统，避免压力容器、管路破裂造成冲击波；用不燃性材料代替可燃性材料，防止发生火灾。但需注意的是有时采取措施消除了某种危险源，却又可能带来新的危险源。例如，用压气系统代替电力系统可以防止电气事故发生，但是压气系统却可能发生物理爆炸事故。

（2）预防。当消除危险、有害因素有困难时，可采取预防性技术措施，预防危险、危害的发生，如使用安全阀、安全屏护、漏电保护装置、安全电压、熔断器、防爆膜、事故排放装置等故障-安全设计。它是一种能在系统、设备的一部分发生故障或破坏的情况下，在一定时间内也能保证安全的安全技术措施。一般来说，通过精心的技术设计，使系统、设备发生故障时处于低能量状态，防止能量意外开释。例如，电气系统中的熔断器就是典型的故障-安全设计，当系统过负荷时熔断器熔断、把电路断开而保证安全。

（3）减弱。受技术和经济条件限制，有些危险源不能被彻底根除，这时应想办法减少其拥有的能量或危险物质的量，以减弱其危险性。如减少能量或危险物质的量，防止能量蓄积，安全地释放能量。

（4）隔离。这是一种常用的控制能量或危险物质的安全技术措施，既可用于防止事故发生，也可用于避免或减少事故损失。预防事故发生的隔离措施有分离和屏蔽两种。前者是指时间上或空间上的分离，防止一旦相遇则可能产生或开释能量或危险物质的相遇；后者是指利用物理的屏蔽措施局限、约束能量或危险物质。一般来说，屏蔽较分离更可靠，因而得到广泛应用。

（5）连锁。连锁是当操作者失误或设备运行一旦达到危险状态时，通过精心地设计，使职工不能发生失误或者发生失误也不会带来事故等严重后果的设计。如利用不同的外形或尺寸防止安装、连接操纵失误；采用连锁装置防止职工误操纵等具体方法终止危险、危害发生。

（6）警告。警告是提醒人们留意的主要方法，它让人把注意力集中于可能会被遗漏的信息，也可以提示人用自己的知识和经验。可以通过人的各种感官实现警告，相应地有视觉警告、听觉警告、触觉警告和味觉警告。其中，视觉警告、听觉警告应用得最多。此外，煤矿还应考虑避险与救援措施，事故发生后应该努力采取措施控制事态的发展，但是，当判明事态已经发展到不可控制的地步时则应迅速避难，撤离危险区。

4.4.5.2 安全管理措施

安全管理措施往往在隐患治理工作方面受到忽视，基本上是提高安全意识、加强培训教育和加强安全检查等几种。安全管理措施的具体内容主要包括：

有计划地开展隐患的排查治理工作；配备相应的治理及监督人员；配备相应的资金和设备等；隐患排查治理制度及相关技术文件的完善；安全教育培训，提高职工的素质；安全互助体系；现场环境管理；安全文化；风险转移；应急训练。

4.4.5.3 个体防护措施

在事故隐患治理过程中，如果工程控制措施不能消除或减弱危险有害因素或处置异常或紧急情况或者当发生变更但控制措施还没有及时到位时，应考虑制定并实施个体防护措施。

个体防护措施主要是佩戴各类相应个体防护用品。个人防护用品是指劳动者在劳动过程中为免遭或者减轻事故伤害和职业危害所配备的防护装备，包括防护服、耳塞、听力防护罩、防护眼镜、防护手套、绝缘鞋、呼吸器等。正确使用劳动防护用品是保障从业人员人身安全的最后一道防线，也是保障煤矿安全生产的基础。在制定个体防护措施时，应保证职工的个体防护用品佩戴齐全有效。

4.4.5.4 应急处置措施

事故隐患治理应符合责任、措施、资金、时限、预案"五落实"的要求。煤矿在进行事故隐患治理时应制定相应的应急处置措施和应急预案，以提高煤矿应对"现实风险"的能力。若在治理隐患时出现事故，能做到最大限度地减少人员伤亡、财产损失、环境损害和社会影响。

4.4.6 事故隐患排查治理工作的优化及改进

通过隐患排查治理体系的建设，企业应至少在以下方面有所改进：

（1）风险控制措施全面持续有效；
（2）风险管控能力得到加强和提升；
（3）隐患排查治理制度进一步完善；
（4）各级排查责任得到进一步落实；
（5）员工隐患排查水平进一步提高；
（6）对隐患频率较高的风险重新进行评价、分级，并制定完善控制措施；
（7）生产安全事故明显减少。

4.4.6.1 评审

企业应适时和定期对隐患排查治理体系运行情况进行评审，以确保其持续适宜性、充分性和有效性。评审应包括体系改进的可能性和对体系进行修改的需求。评审每年应不少于一次，当发生更新时应及时组织评审，应保存评审记录。

4.4.6.2 更新

企业应主动根据以下情况对隐患排查治理体系的影响，及时更新隐患排查治理的范围、隐患等级和类别、隐患信息等内容，主要包括：

（1）法律、法规及标准、规程变化或更新；

（2）政府规范性文件提出新要求；

（3）企业组织机构及安全管理机制发生变化；

（4）企业生产工艺发生变化、设备设施增减、使用原辅材料变化等；

（5）企业自身提出更高要求；

（6）事故事件、紧急情况或应急预案演练结果反馈的需求。

4.4.6.3 信息支撑

加强事故隐患信息化管理。企业建立隐患排查治理系统，利用该系统录入排查治理信息，履行隐患自查自改自报主体责任。通过信息化管理手段，实现对事故隐患记录、跟踪、统计、分析、上报等全过程的信息化管理。

4.4.6.4 沟通

企业应建立不同职能和层级间的内部沟通和用于与相关方的外部沟通机制，及时有效传递隐患信息，提高隐患排查治理的效果和效率。

企业应主动识别内部各级人员隐患排查治理相关培训需求，并纳入企业培训计划，组织相关培训。企业应不断增强从业人员的安全意识和能力，使其熟悉、掌握隐患排查的方法，消除各类隐患，有效控制岗位风险，减少和杜绝安全生产事故发生，保证安全生产。

5 安全评价

5.1 安全评价概述

安全评价工作以国家有关安全的方针、政策和法律、法规、标准为依据,运用定量和定性的方法对建设项目或生产经营单位存在的职业危险、有害因素进行识别、分析和评价,提出预防、控制、治理对策措施,为建设单位或生产经营单位减少事故发生的风险,为政府主管部门进行安全生产监督管理提供科学依据。

5.1.1 评价相关内容

5.1.1.1 评价类型

评价类型分为两种:一种是前瞻性的评价,主要指"安全预评价",预测预见评价项目未来的安全性;另一种是实时性的评价,主要指"安全实时评价",判定评价项目当前的安全性。安全实时评价,又可细分为安全验收评价、安全现状评价。

5.1.1.2 评价系统

评价系统包含评价边界和评价内容的信息,分析评价系统就是对需要进行安全评价的系统进行分析。先分析系统的结构,也就是分析系统内部各要素之间的联系;再分析系统的功能,也就是分析系统与外部环境之间的联系。要素、系统、环境三个层次由结构和功能两种联系相连,形成一个有机整体。

5.1.1.3 评价主线

评价主线是指安全评价的基本工作必须涉及的评价内容。

(1)危险有害因素辨识。辨识出评价系统内涉及的危险有害因素,确定其存在的部位、方式,以及发生作用的途径及其变化规律。分析危险有害因素导致事故发生的触发条件,以及事故发生的概率,以判定发生事故的可能性。

(2)系统安全性评价(评价单元划分与评价方法选择、定性定量评价)。以危险有害因素存在的"严重性"和触发条件出现的"可能性"确定事故隐患,再与人员和财产损失的"破坏性"合并分析,确定发生事故风险。

(3)提出安全控制对策措施。安全评价对"事故隐患"和"不可接受"的风险,提出安全控制对策措施,主要考虑三个方面:1)控制危险源;2)控制触发条件;3)控制人员和财产。

(4)后系统安全性评价。进一步估计系统在落实安全补偿措施后,系统的风险是否降至"可接受"范围内。

5.1.2　确定评价范围

确定评价范围要顺着评价主线，不能忽视评价主线涉及的关键内容。如果委托评价单位的目的涉及范围未覆盖评价系统主线，评价机构应作出说明，并将评价主线的内容列入评价范围。

综合评价目的、评价类型、评价系统和评价主线的基本信息，确定评价范围并做出说明，然后根据评价范围界定安全评价责任范围。

确定评价范围时，需要注意以下问题。

（1）评价范围的定义和说明必须写入《安全评价合同》和《安全评价报告》。

（2）无原则地扩大评价范围，将使安全评价承担不可能担当的责任，属于危机转嫁，同时使安全评价结论无效。无原则地缩小评价范围，则使安全评价不能反映系统整体的安全状况，降低了评价结果的可信度。

（3）对于某些难以确定评价范围的评价项目，需要组织相关专家进行论证。特别是增建、扩建及技术改造项目，与原建项目相连，难以区别，这是可以进行专家论证，依据初步设计范围、新增投资范围，或与委托评价单位协商划分，并兼顾系统的完整性确定评价范围。

5.1.3　安全评价的依据

安全评价的依据有：国家和地方的有关法律、法规、标准，企业内部的规章制度和技术规范，可接受风险标准，以及典型的事故经验与教训等。

5.1.4　安全评价方法分类

安全评价的方法有多种，常用的分类方法有按安全评价结果的量化程度分类法、按安全评价的推理过程分类法、按针对的系统性质分类法、按安全评价要达到的目的分类法等。

5.1.4.1　按安全评价结果的量化程度分类法

按安全评价结果的量化程度，安全评价方法可分为定性安全评价法和定量安全评价法。

A　定性安全评价法

定性安全评价法主要是依据经验和直观的判断能力对某生产系统涉及的工艺、设备设施、环境、人员和管理等方面的状况进行定性分析，安全评价的结果是定性的指标，如是否达到了某项安全指标、事故类别和导致事故发生的因素等。定性安全评价方法有安全检查表、专家现场询问观察法、因素图分析法、事故引发和发展分析、作业条件危险性评价法（LEC法）、故障类型和影响分析法、危险可操作性分析法等。

B　定量安全评价法

定量安全评价法是基于大量的实验结果和广泛的事故统计资料基础上获得的指标或规律（数学模型），对生产系统的工艺、设备设施、环境、人员和管理等方面的状况进行定量的计算，评价结果的指标是定量的，如事故的发生概率、事故的伤害（或破坏）范围、事故致因因素的事故关联度或重要度等。

按照安全评价给出的不同类别的定量结果，定量安全评价法还可以分为概率风险评价法、伤害（或破坏）范围评价法和危险指数评价法。

5.1.4.2 按安全评价的推理过程分类法

按安全评价的推理过程，安全评价方法可分为归纳推理评价法和演绎推理评价法。

归纳推理评价法是从事故原因推理结果的评价方法，即从最基本的危险、有害因素开始，逐步分析导致事故发生的直接原因，最终分析到可能发生的事故。

演绎推理评价法是从结果推理原因的评价方法，即从可能发生的事故开始，推论导致事故发生的直接因素，再分析与直接因素相关的间接因素，最终分析和查找出导致事故发生的最基本的危险、有害因素。

5.1.4.3 按安全评价要达到的目的分类法

按安全评价要达到的目的，安全评价方法可分为事故致因因素安全评价法、危险性分级安全评价法和事故后果安全评价法。

事故致因因素安全评价法是采用逻辑推理的方法，由事故推论最基本的危险、有害因素或由最基本的危险、有害因素推论事故的评价法。该类方法适用于识别系统的危险、有害因素和分析事故，属于定性安全评价法。

危险性分级安全评价法是通过定性或定量分析给出系统危险性的安全评价方法。该类方法适应于系统的危险性分级，可以是定性安全评价法，也可以是定量安全评价法。

事故后果安全评价方法可以直接给出定量的事故后果，给出的事故后果可以是系统事故发生的概率、事故的伤害（或破坏）范围、事故的损失或定量的系统危险性等，属于定量安全评价法。

此外，按照评价对象的不同，安全评价方法可分为设备（设施或工艺）故障率评价法、人员失误率评价法、物质系数评价法、系统危险性评价法等。

5.1.5 常用的安全评价方法

安全评价方法有很多种，作业条件危险性分析法、危险与可操作性分析等方法在 4.3 节进行了叙述，本节对其余八种方法进行阐述。

5.1.5.1 安全检查表法

为了查找工程、系统中各种设备设施、物料、工件、操作、管理和组织措施中的危险、有害因素，事先把检查对象加以分解，将大系统分割成若干小的子系统，以提问或打分的形式，将检查项目列表逐项检查，避免遗漏，这种表称为安全检查表，用安全检查表进行安全检查的方法称为安全检查表法。

安全检查项目依据相关的标准、规范，以及工程、系统中已知的危险类别、设计缺陷、一般工艺设备、操作、管理有关的潜在危险性和有害性进行设置。为了避免检查项目遗漏，事先把检查对象分割成若干系统，以提问或打分的形式，将检查项目列表。安全检查表是系统安全工程的一种最基础、最简便、广泛应用的系统危险性评价方法。安全检查表在我国不仅用于查找系统中各种潜在的事故隐患，还对各检查项目给予量化，用于进行系统安全评价。

A 编制步骤

要编制一个符合客观实际、能全面识别、分析系统危险性的安全检查表，首先要建立一个编制小组，其成员应包括熟悉系统各方面的专业人员。其主要步骤有：

（1）熟悉系统，包括系统的结构、功能、工艺流程、主要设备、操作条件、布置和已有的安全设备设施。

（2）搜集资料，搜集有关的安全法规、标准、制度及本系统过去发生过事故的资料，作为编制安全检查表的重要依据。

（3）划分单元，按功能或结构将系统划分成若干个子系统或单元，逐个分析潜在的危险因素。

（4）编制检查表，针对危险因素，依据有关法规、标准规定，参考过去事故的教训和本单位的经验确定检查要点、内容，然后针对检查所处的设计、施工、验收、使用等不同阶段，按照一定的要求编制检查表。

B　优缺点

a　安全检查表主要优点

（1）检查项目系统、完整，可以做到不遗漏任何能导致危险的关键因素，避免传统安全检查中易发生的疏忽、遗漏等弊端，因而能保证安全检查的质量。

（2）可以根据已有的规章制度、标准、规程等，检查执行情况，得出准确的评价。

（3）安全检查表可采用提问的方式，有问有答，给人的印象深刻，能使人知道如何做才是正确的，因而可起到安全教育的作用。

（4）编制安全检查表的过程本身就是一个系统安全分析的过程，可使检查人员对系统的认识更深刻，更便于发现危险因素。

（5）对不同的检查对象、检查目的有不同的检查表，应用范围广。

b　安全检查表的缺点

针对不同的需要，须事先编制大量的检查表，工作量大且安全检查表的质量受编制人员的知识水平和经验影响。

C　安全检查表法示例

以通风、防尘单元为例，说明安全检查表法的编制，仅列举部分，见表5-1。

表5-1　通风、防尘单元安全检查表（部分）

序号	检查内容	评分办法	标准分值	实际得分	备注
1	井下空气（9分）				
1.1	井下各用风点的风速、风量和风质必须符合要求	现场检测，不符合要求不得分	3		
1.2	井下作业地点的空气中，有害物质的接触限值应不超过规定	现场检测，不符合要求不得分	2		
1.3	采掘作业地点的气象条件应符合规定要求，否则，应采取降温或其他防护措施	查相关文件记录，现场检查，不符合要求不得分	2		
1.4	进风巷冬季的空气温度，应高于2℃；低于2℃时，应有暖风设施。不应采用明火直接加热进入矿井的空气	不符合要求不得分	1		

序号	检查内容	评分办法	标准分值	实际得分	备注
1.5	在严寒地区,主要井口(所有提升井和作为安全出口的风井)应有保温措施,防止井口及井筒结冰	现场检查,不符合要求不得分	2		
2	通风系统(26分)				
2.1	矿井应建立机械通风系统	查现场,不符合要求不得分	3		
2.2	应根据生产变化,及时调整矿井通风系统,并绘制全矿通风系统图	检查核对文件资料,不符合要求不得分	2		
2.3	矿井通风系统的有效风量率,不低于60%	检查设计文件,不符合要求不得分	2		
2.4	采场形成通风系统之前,不应进行回采作业	查现场,不符合要求不得分	2		
2.5	矿井主要进风风流,不得通过采空区和塌陷区,需要通过时,应砌筑严密的通风假巷引流	查现场,不符合要求不得分	2		
2.6	主要进风巷和回风巷,应经常维护,保持清洁和风流畅通,不应堆放材料和设备	查现场,不符合要求不得分	2		
2.7	进入矿井的空气,不应受到有害物质的污染。从矿井排出的污风,不应对矿区环境造成危害	查现场,不符合要求不得分	2		
2.8	箕斗井不应兼作进风井。混合井作进风井时,应采取有效的净化措施,以保证风源质量	查现场,不符合要求不得分	1		
2.9	主要回风井巷,不应用作人行道	查现场,不符合要求不得分	1		
2.10	各采掘工作面之间,不应采用不符合要求的风流进行串联通风	查现场,不符合要求不得分	1		
2.11	井下破碎硐室、主溜井等处的污风,应引入回风道	查现场,不符合要求不得分	1		
2.12	井下炸药库,应有独立的回风道	查现场,不符合要求不得分	1		
2.13	充电硐室空气中氢气的含量,应不超过0.5%(按体积计算)	查现场,不符合要求不得分	1		
2.14	井下所有机电硐室,都应供给新鲜风流	查现场,不符合要求不得分	1		
2.15	采场、二次破碎巷道和电耙巷道,应利用贯穿风流通风或机械通风。电耙司机应位于风流的上风侧	查现场,不符合要求不得分	1		
2.16	采空区应及时密闭。采场开采结束后,应封闭所有与采空区相通的影响正常通风的巷道	查现场,不符合要求不得分	1		
2.17	通风构筑物(风门、风桥、风窗、挡风墙等)应由专人负责检查、维修,保持完好严密状态	查现场,不符合要求不得分	1		
2.18	报废的井巷和硐室的入口,应及时封闭。封闭之前,入口处应设有明显标志,禁止人员入内。报废的竖井、斜井和平巷,地面入口周围还应设有高度不低于1.5m的栅栏,并标明原来井巷的名称	查现场,不符合要求不得分	2		

序号	检查内容	评分办法	标准分值	实际得分	备注
3	主扇（10分）				
3.1	主扇必须连续运转；每台主扇必须具有相同型号和规格的备用电动机，并有能迅速调换电动机的设施	查现场，不符合要求不得分	3		
3.2	主扇应有使矿井风流在10min内反向的措施。当利用轴流式风机反转反风时，其反风量应达到正常运转时风量的60%以上	检查设计资料及现场	2		
3.3	每年至少进行一次反风试验，并测定主要风路反风后的风量	查相关文件记录，不符合不得分	2		
3.4	采用多级机站通风系统的矿山，主通风系统的每一台通风机都应满足反风要求，以保证整个系统可以反风	查现场，不符合要求不得分	1		
3.5	主扇风机房，应设有测量风压、风量、电流、电压和轴承温度等的仪表。每班应对扇风机运转情况进行检查，并填写运转记录。有自动监控及测试的主扇，每两周应进行一次自控系统的检查	查看检查记录	2		
4	局部通风（10分）				
4.1	掘进工作面和通风不良的采场，应安装局部通风设备。局扇应有完善的保护装置。	查现场，不符合要求不得分	2		
4.2	局部通风的风筒口与工作面的距离应符合规范要求	查现场，不符合要求不得分	1		
4.3	人员进入独头工作面之前，应开动局部通风设备通风，确保空气质量满足作业要求。独头工作面有人作业时，局扇应连续运转	查现场，不符合要求不得分	3		
4.4	停止作业并撤出通风设备而又无贯穿风流通风的采场、独头上山或较长的独头巷道，应设栅栏和警示标志，防止人员进入。若需要重新进入，应进行通风和分析空气成分，确认安全方准进入	查现场，不符合要求不得分	2		
4.5	井下炸药库，应有独立的回风道，充电硐室空气中氢气的含量，应不超过0.5%（按体积计算），井下所有机电硐室都应供给新鲜风流	查现场，查设计和通风系统图，不符合要求不得分	1		
4.6	风筒应吊挂平直、牢固，接头严密，避免车碰和炮崩，并应经常维护，以减少漏风，降低阻力	查现场，不符合要求不得分	1		
5	防尘措施（15分）				
5.1	凿岩应采取湿式作业，不然应采取干式捕尘或其他有效防尘措施	查现场，不符合要求不得分	2		

序号	检查内容	评分办法	标准分值	实际得分	备注
5.2	湿式凿岩时，凿岩机的最小供水量，应满足凿岩除尘的要求	查现场，不符合要求不得分	1		
5.3	爆破后和装卸矿（岩）时，应进行喷雾洒水。凿岩、出渣前，应清洗工作面 10m 内的巷壁。进风道、人行道及运输巷道的岩壁，应每季至少清洗一次	查现场，不符合要求不得分	2		
5.4	防尘用水，应采用集中供水方式，水质应符合卫生标准要求；贮水池容量，应不小于一个班的耗水量	查现场，不符合要求不得分	2		
5.5	接尘作业人员应佩戴防尘口罩；防尘口罩的阻尘率应达到Ⅰ级标准要求	现场抽查，不符合要求不得分	2		
5.6	对井下有毒、有害气体和氧气含量，以及粉尘进行定期检测，保证符合要求。定期测定作业场所的空气含尘浓度、凿岩工作面应每月测定一次	查现场，不符合要求不得分	2		
5.7	矿山企业应设立通风安全管理部门，按要求配备适应工作需要的专职通风技术人员和测风、测尘人员，并定期进行培训	检查机构设置情况和人员配备、培训、持证情况	2		
合计			70		

5.1.5.2 专家评议法

A 方法概述

专家评议法是一种吸收专家参加，根据事物的发展趋势，进行积极的创造性思维活动对事物进行分析、预测的方法。

B 步骤

（1）明确具体分析、预测的问题。

（2）组成专家评议分析、预测小组，小组应由预测专家、专业领域的专家、推断思维能力强的演绎专家等组成。

（3）举行专家会议，对提出的问题进行分析、讨论和预测。

（4）分析、归纳专家会议的结果。

C 特点和适用范围

对于安全评价而言，专家评议法简单易行，比较客观，所邀请的专家在专业理论上造诣较深、实践经验丰富，而且由于有专业的安全、评价、逻辑方面的专家参加，将专家的意见运用逻辑推理的方法进行综合、归纳，这样所得出的结论一般是比较全面、正确的。特别是专家质疑通过正反两方面的讨论，问题更深入、全面和透彻，所形成的结论性意见更科学、合理。但是，由于要求参加评价的专家有较高的水平，并不是所有的工程项目都适用本方法。专家评议法适用于类比工程项目、系统和装置的安全评价，它可以充分发挥专家丰富的实践经验和理论知识。专项安全评价经常采用专家评议法，运用该评价方法，可以将问题研究讨论得更深入、更透彻，并得出具体执行意见和结论，便于进行科学决策。

5.1.5.3　事件树分析法

A　方法概述

事件树分析方法的理论基础是决策论，它是一种从原因到结果的自上而下的分析方法。从一个初始事件开始，交替考虑成功与失败的两种可能性，然后再以这两种可能性作为新的初始事件，如此继续分析下去，直到找到最后的结果。因此事件树分析是一种归纳逻辑树图，能够看到事故发生的动态发展过程，提供事故后果。

事故的发生是若干事件按时间顺序相继出现的结果，每一个初始事件都可能导致灾难性的后果，但不一定是必然的后果。因为事件向前发展的每一步都会受到安全防护措施、操作人员的工作方式、安全管理及其他条件的制约，因此每一阶段都有两种可能性结果，即达到既定目标的"成功"和达不到目标的"失败"。

事件树分析从事故的初始事件开始，途经原因事件到结果事件为止，每一个事件都按成功和失败两种状态进行分析。成功或失败的分叉称为歧点，用树枝的上分支作为成功事件，下分支作为失败事件，按照事件发展顺序不断延续分析直至最后结果，最终形成一个在水平方向横向展开的树形图。

B　分析步骤

（1）确定初始事件。初始事件一般指系统故障、设备失效、工艺异常、人的失误等，它们都是事先设想或估计的。确定初始事件一般依靠分析人员的经验和有关运行、故障、事故统计资料来确定；对于新开发系统或复杂系统，往往先用其他分析、评价方法从分析的因素中选定，再用事件树分析方法做进一步的重点分析。

（2）判定安全功能。在所研究的系统中包含许多能消除、预防、减弱初始事件影响的安全功能。常见的安全功能有自动控制装置、报警系统、安全装置、屏蔽装置和操作人员采取措施等。

（3）发展事件树和简化事件树。从初始事件开始，自左向右发展事件树，首先把初始事件一旦发生时起作用的安全功能状态画在上面的分支，不能发挥安全功能的状态画在下面的分支。然后依次考虑每种安全功能分支的两种状态，层层分解直至系统发生事故或故障为止。

（4）分析事件树。

1）找出事故连锁和最小割集。事件树每个分支代表初始事件一旦发生后其可能的发展途径，其中导致系统事故的途径即为事故连锁，一般导致系统事故的途径有很多，即有很多事故连锁。

2）找出预防事故的途径。事件树中最终达到安全的途径会指导人们如何采取措施以预防事故的发生。在达到安全的途径中，安全功能发挥作用的事件构成事件树的最小径集。一般事件树中包含多个最小径集，即可以通过若干途径防止事故发生。由于事件树表现了事件间的时间顺序，所以应尽可能地从最先发挥作用的安全功能着手。

（5）事件树的定量分析。由各事件发生的概率计算系统事故或故障发生的概率。

C　特点和适用范围

事件树分析方法是一种图解形式，层次清楚。可以看做故障树分析方法的补充，可以将严重事故的动态发展过程全部揭示出来。该方法的优点是：概率可以以路径为基础分到节点；整个结果的范围可以在整个树中得到改善；事件树从原因到结果，概念上比较容易明白。该方法的缺点是：事件树成长非常快，为了保持合理的大小，往往使分析必须非常粗。

5.1.5.4　危险指数法

危险指数法是通过对几种工艺现状及运行状况的固有属性（以作业现场危险度、事故概率和事故严重度为基础，对不同作业现场的危险性进行鉴别）进行比较计算，确定工艺危险特性、重要性，并根据评价结果，确定需要进一步评价的对象的安全评价方法。危险指数评价可以运用在工程项目的各个阶段（可行性研究、设计、运行等），可以在详细的设计方案完成之前运用，也可以在现有装置危险分析计划制定之前运用，也可用于在役装置，作为确定工艺及操作危险性的依据。

目前已有许多种危险指数方法得到广泛的应用，如危险度评价法，道化学公司火灾、爆炸危险指数法，帝国化学工业公司（ICI）的蒙德法，日本化工企业六阶段评价法，化工厂危险等级指数法等。

A　道化学公司的火灾、爆炸危险指数法

道化学公司的火灾、爆炸危险指数法是根据以往的事故统计资料，物质的潜在能量和现行的安全措施情况，利用系统工艺过程中的物质、设备、设备操作条件等数据，通过逐步推算的公式，对系统工艺装置及所含物料的实际潜在火灾、爆炸危险、反应性危险进行评价的方法，经过多次修订，不断完善，在1993年推出了第7版。道化学公司的火灾、爆炸危险指数法在各种评价类型中都可以使用，尤其在安全预评价中使用得最多。

B　帝国化学工业公司（ICI）的蒙德法

1974年，英国帝国化学工业公司（ICI）蒙德部在道化学危险指数评价法的基础上引进了毒性概念，并发展了一些新的补偿系数，提出了蒙德火灾、爆炸、毒性指标评价法。它不仅详细规定了各种附加因素增加比例的范畴，而且针对所有的安全措施引进了补偿系数，同时扩展了毒性指标，使评价结果更加切合实际。

蒙德法在对现有装置及计划建设装置的危险性研究中，尤其是在对新设计项目的潜在危险进行评价时，对道化学公司方法进行了改进和补充。其中最重要的两个方面是：（1）引进了毒性的概念，将道化学公司的火灾、爆炸指数扩展到包括物质毒性在内的火灾、爆炸、毒性指数的初期评价。（2）发展了新的补偿系数，进行装置现实危险性水平再评价。

5.1.5.5　预先危险分析法

预先危险分析又称初步危险分析。预先危险分析方法是一项实现系统安全危害分析的初步或初始工作，在设计、施工和生产前，首先对系统中存在的危险性类别、出现条件、导致事故的后果进行分析，目的是识别系统中的潜在危险，确定危险等级，防止危险发展成事故。

A　分析步骤

（1）通过经验判断、技术诊断或其他方法调查确定危险源（即危险因素存在于哪个子系统中），对所需分析系统的生产目的、物料、装置及设备、工艺过程、操作条件以及周围环境等，进行充分详细的了解。

（2）根据过去的经验教训及同类行业生产中发生的事故情况，对系统的影响、损坏程度，来类比判断所要分析的系统中可能出现的情况，查找能够造成系统故障、物质损失和人员伤害的危险性，分析事故的可能类型。

（3）对确定的危险源分类，制成预先危险性分析表。

（4）转化条件，即研究危险因素转变为危险状态的触发条件和危险状态转变为事故的必要条件，并进一步寻求对策措施，检验对策措施的有效性。

（5）进行危险性分级，排列出重点和轻重缓急次序，以便处理。

（6）制定事故的预防性对策措施。

B　划分等级

为了评判危险、有害因素的危害等级以及它们对系统破坏性的影响大小，预先危险分析方法给出了各类危险性的划分标准。该法将危险性划分为4个等级。

（1）安全的，不会造成人员伤亡及系统损坏。

（2）临界的，处于事故的边缘状态，暂时还不至于造成人员伤亡、系统破坏或降低系统性能，但应予以排除或采取控制措施。

（3）危险的，会造成人员伤亡和系统损坏，要立即采取防范措施。

（4）灾难性的，造成人员重大伤亡及系统严重破坏的灾难性事故，必须予以果断排除并进行重点防范。

C　列出结果

预先危险分析的结果一般采用表格的形式列出，表格的格式和内容可根据实际情况确定。

D　注意事项

在进行预先危险分析时，应注意以下几个要点。

（1）应考虑生产工艺的特点，列出其危险性和状态：

1）原料、中间产品、衍生产品和成品的危害特性；2）作业环境；3）设备设施和装置；4）操作过程；5）各系统之间的联系；6）各单元之间的联系；7）消防和其他安全设施。

（2）预先危险分析过程中应考虑的因素：

1）危险设备和物料，如燃料、高反应活性物质、有毒物质、爆炸高压系统、其他储运系统；

2）设备与物料之间与安全有关的隔离装置，如物料的相互作用，火灾、爆炸的产生和发展，控制、停车系统；

3）影响设备与物料的环境因素，如地震、洪水、振动、静电、湿度等；

4）操作、测试、维修以及紧急处置规定；

5）辅助设施，如储槽、测试设备等；

6）与安全有关的设施设备，如调节系统、备用设备等。

E　特点和适用范围

a　特点

预先危险分析是进一步进行危险分析的先导，是一种定性分析方法，在项目发展初期使用预先危险分析有以下优点：

(1) 方法简单、易行、经济、有效；

(2) 能为项目开发组分析和设计提供指南；

(3) 能识别可能的危险，用很少的费用、时间实现改进。

b 适用范围

预先危险分析法适用于固有系统中采取新的方法，接触新的物料、设备和设施的危险性评价，该方法一般在项目发展初期使用。当只希望进行粗略的危险和潜在事故情况分析时，也可以用预先危险分析方法对已建成的装置进行分析。

5.1.5.6 故障类型和影响分析法

根据系统可以划分为子系统、设备和元件的特点，按实际需要将系统进行分割，然后分析各自可能发生的故障类型及其产生的影响，以便采取相应的对策，提高系统的安全可靠性。

故障类型和影响分析的目的是辨识单一设备和系统的故障模式及每种故障模式对系统或装置的影响。故障类型和影响分析的步骤为：明确系统本身的情况，确定分析程度和水平，绘制系统图和可靠性框图，列出所有的故障类型并选出对系统有影响的故障类型，理出造成故障的原因。在故障类型和影响分析中不直接确定人的影响因素，但像人的失误、误操作等影响通常作为一个设备故障模式表示出来。

(1) 确定分析对象系统。根据分析详细程度的需要，查明组成系统的元素（子系统或单元）及其功能。

(2) 分析元素故障类型和产生原因。由熟悉情况、有丰富经验的人员依据经验和有关的故障资料分析、讨论可能产生的故障类型和原因。

(3) 研究故障类型的影响。研究、分析元素故障对相邻元素、邻近系统和整个系统的影响。

(4) 填写故障类型和影响分析表格。将分析的结果填入预先准备好的表格，可以简洁明了地显示全部分析内容，可参考表 5-2 中的示例。

5.1.5.7 故障树分析方法

A 方法概述

故障树分析方法是 20 世纪 60 年代以来迅速发展的系统可靠性分析方法，它采用逻辑方法，将事故因果关系形象地描述为一棵有方向的"树"：把系统可能发生或已发生的事故（称为顶上事件）作为分析起点，将导致事故原因的事件按因果逻辑关系逐层列出，用树形图表示出来，构成一种逻辑模型，然后定性或定量地分析事件发生的各种可能途径及发生的概率，找出避免事故发生的各种方案并优选出最佳安全对策。故障树分析方法形象、清晰，逻辑性强，它能对各种系统的危险性进行识别评价，既适用于定性分析，又能进行定量分析。

顶上事件通常是由故障假设、危险和可操作性研究等危险分析方法识别出来的。故障树模型是原因事件（即故障）的组合（称为故障模式或失效模式），这种组合导致顶上事件。而这些故障模式称为割集，最小割集是原因事件的最小组合。若要使顶上事件发生，则要求最小割集中的所有事件必须全部发生。

表 5-2　故障类型与影响分析表（示例）

项目	功能	故障模式	发生时机	原因	征兆检测的可能性	故障影响			现有安全装置	严重度
						子系统	系统	人员		
高压空气压缩机	输出压缩空气	空气压力低	运行中	压缩机各段阀门、气缸故障	空气压力读出		供气压力低		无	3
		空气压力高	运行中	空气压缩机各段阀门故障	空气压力读出	空气压力泄压阀部分堵塞	如泄压阀能运行则可忽略		空气压力泄压阀部分损坏	3
		空气温度高	运行中	冷却部分有故障	空气温度读出	自动停车装置动作	如停车无空气输出		温度指示器指示温度高自动停车	3
		空气量降低	运行中	电动机故障（转速下降）	无	电动机电流高	供气量降低		电动机超负荷继电器部分损坏	3
		无空气输出	运行中	电动机故障	读出	电动机不转	用户无空气		无	3
				电动机故障、仪表和监测装置故障	读出	压缩机功能信号失效	错误停车		无	3
				冷却和除湿部分故障	读出	自动停车	用户无空气		自动停车部分损坏	3
				润滑系统故障	读出	自动停车	用户无空气		自动停车部分损坏	3

B　分析步骤

（1）熟悉分析系统。首先详细了解要分析的对象，包括工艺流程、设备构造、操作条件、环境状况、控制系统和安全装置等，同时还可以广泛收集同类系统发生的事故。

（2）确定分析对象的系统和分析的对象事件（顶上事件）。通过实验分析、事故分析以及故障类型和影响分析确定顶上事件，明确对象系统的边界、分析深度、初始条件、前提条件和不考虑条件。

（3）确定分析边界。在分析之前要明确分析的范围和边界，系统内包含哪些内容，特别是生产中涉及的化工等生产过程，都具有连续化、大型化的特点，各工序、设备之间相互衔接，如果不划定界限，得到的故障树将会非常庞大，不利于研究。

（4）确定系统事故发生的概率、事故损失的安全目标值。

（5）调查原因事件。顶上事件确定之后，就要分析与之有关的原因事件，也就是找出系统的所有潜在危险因素的薄弱环节，包括设备元件等硬件故障、软件故障、人为差错及环境因素。凡是与事故有关的原因都找出来，作为故障树的原因事件。

（6）确定不予考虑的事件。与事故有关的原因各种各样，但是有些原因根本不可能发生或发生的概率很小，如雷电、飓风、地震等，编制故障树时一般不予考虑，但要先加以说明。

（7）确定分析的深度。在分析原因事件时，要分析到哪一层为止，需要事先确定。分析得太浅可能发生遗漏；分析得太深，则事故树会过于庞大烦琐。所以，具体深度应视分析对象而定。

（8）编制故障树。从顶上事件起，一级一级地往下找出所有原因事件，直到最基本的事件为止，按其逻辑关系画出故障树。每一个顶上事件对应一株故障树。

（9）定量分析。按事故结构进行简化，求出最小割集和最小径集，求出概率重要度和临界重要度。

（10）得出结论。当事故发生概率超过预定目标值时，从最小割集着手研究降低事故发生概率的所有可能方案，利用最小径集找出消除事故的最佳方案；通过重要度分析确定采取对策措施的重点和先后顺序，从而得出分析、评价的结论。

C 特点和适用范围

（1）故障树分析法采用的是演绎的方法分析事故的因果关系，能详细找出各系统各种固有的潜在危险因素，为安全设计、制定安全技术措施和安全管理要点提供了依据。

（2）能简洁形象地表示出事故和各原因之间的因果关系及逻辑关系。

（3）在事故分析中，顶上事件可以是已发生的事故，也可以是预想的事故。通过分析找出原因，采取对策加以控制，从而起到预测、预防事故的作用。

（4）可以用于定性分析，求出危险因素对事故影响的大小；也可以用于定量分析，由各危险因素的概率计算出事故发生的概率，从数量上说明是否能满足预定目标值的要求，从而确定采取措施的重点和轻、重、缓、急顺序。

（5）可选择最感兴趣的事故作为顶上事件进行分析。

（6）分析人员必须非常熟悉对象系统，具有丰富的实践经验，能准确和熟悉地应用分析方法。该方法往往出现不同分析人员编制的故障树和分析结果不同的现象。

（7）复杂系统的故障树往往很庞大，分析、计算的工作量大。

（8）进行定量分析时，必须知道故障树中各事件的故障数据；如果这些数据不准确，定量分析就不可能进行。

5.1.5.8 故障假设分析法

A 方法概述

故障假设分析方法是一种对系统工艺过程或操作过程的创造性进行分析的方法。使用该方法时，要求人员应对工艺熟悉，通过提出一系列"如果……怎么办？"（故障假设）的问题，来发现可能和潜在的事故隐患，从而对系统进行彻底检查。

故障假设分析通常对工艺过程进行审查，一般要求评价人员用"What—If"作为开头对有关问题进行考虑，从进料开始沿着流程直到工艺过程结束。任何与工艺有关的问题，即使它与之不太相关也可以提出加以讨论。故障假设分析结果将找出暗含在分析组所提出的问题和争论中的可能事故情况。这些问题和争论常常指出了故障发生的原因，通常要将所有的问题记录下来，然后进行分类。所提出的问题要考虑到任何与装置有关的不正常的生产条件，而不仅仅是设备故障或工艺参数变化。该方法由经验丰富的人员完成，并根据存在的安全措施等条件提出降低危险性的建议。

B　步骤

故障假设分析比较简单，它首先提出一系列问题，然后再回答这些问题。评价结果一般以表格的形式显示，主要内容包括提出的问题，回答可能的后果，降低或消除危险性的安全措施。

故障假设分析方法由三个步骤组成，即分析准备、完成分析、编制结果文件。

（1）分析准备。

1）人员组成。进行该分析应由 2~3 名专业人员组成小组。要求成员要熟悉生产工艺，有评价危险性的经验。

2）确定分析目标。首先要考虑的是取什么样的结果作为目标，目标又可以进一步加以限定。目标确定后就要确定分析哪些系统，在分析某一系统时应注意与其他系统的相互作用，避免遗漏掉危险因素。

3）资料准备。在分析之前收集所需的资料，包括工艺过程说明、图纸、操作规程等。

（2）完成分析。

1）了解情况，准备故障假设问题。分析会议开始应该首先由熟悉整个装置和工艺的人员阐述生产情况和工艺过程，包括原有的安全设备及措施。参加人员还应该说明装置的安全防范、安全设备、卫生控制规程。分析人员要向现场操作人员提问，然后对所分析的过程提出有关安全方面的问题。有两种方式可以采用：一种是列出所有的安全项目和问题，然后进行分析；另一种是提出一个问题讨论一个问题，即对所提出的某个问题的各个方面进行分析后再对分析组提出的下一个问题（分析对象）进行讨论。通常最好是在分析之前列出所有的问题，以免打断分析组的"创造性思维"。

2）按照准备好的问题，从工艺进料开始，一直进行到成品产出为止，逐一提出如果发生那种情况，操作人员应该怎么办，分别得出正确答案。

（3）编制结果文件。

C　适用范围

故障假设分析方法较为灵活，适用范围很广，可用于工程、系统的任何阶段。故障假设分析方法鼓励思考潜在的事故和后果，它弥补了基于经验的安全检查表编制时经验的不足，相反，检查表可以把故障假设分析方法更系统化。因此，出现了安全检查表分析与故障假设分析在一起使用的分析方法，以便发挥各自的优点，互相取长补短。

5.1.6　评价单元划分

划分评价单元是为评价目标和评价方法服务的，便于评价工作的进行，且有利于提高评价工作的准确性；评价单元一般以生产工艺、工艺装置、物料的特点和特征与危险、有害因素的类别、分布有机结合进行划分，还可以按评价的需要将一个评价单元再划分为若干子评价单元或更细致的单元。常用的评价单元划分方法有两大类。

（1）以危险、有害因素的类别为主划分评价单元。

1）对工艺方案、总体布置及自然条件、社会环境对系统影响等综合方面危险、有害因素的分析和评价，宜将整个系统作为一个评价单元。

2）将具有共性危险因素、有害因素的场所和装置划为一个单元。

（2）以装置和物质特征划分评价单元。应用火灾爆炸指数法、单元危险性快速排序法等评价方法进行火灾爆炸危险性评价时，除按下列原则外还应依据评价方法的有关具体规定划分评价单元。

1）按装置工艺功能划分。

2）按布置的相对独立性划分。

3）按工艺条件划分评价单元。按操作温度、压力范围不同，划分为不同的单元；按开车、加料、卸料、正常运转、添加触剂、检修等不同作业条件划分单元。

4）按贮存、处理危险物品的潜在化学能、毒性和危险物品的数量划分评价单元。

5）根据以往事故资料，将发生事故能导致停产、波及范围大、造成巨大损失和伤害的关键设备作为一个单元；将危险性大且资金密度大的区域作为一个单元。

6）将危险性特别大的区域、装置作为一个单元；将具有类似危险性潜能的单元合并为一个大单元。

5.1.7 安全对策措施

安全对策措施主要包括安全技术对策措施、安全管理对策措施和制定事故应急救援预案。

（1）安全技术对策措施的主要内容：

1）厂址、厂区布置对策措施；2）防火、防爆对策措施；3）机械伤害对策措施；4）特种设备对策措施；5）电气安全对策措施；6）有毒、有害因素对策措施；7）其他安全对策措施。

（2）安全管理对策措施的主要内容：

1）建立安全管理制度；2）安全管理的机构和人员编制；3）安全教育、培训与考核；4）安全投入和安全设施；5）安全生产过程控制和管理；6）安全监督与检查。

（3）制定事故应急救援预案的主要内容：

1）事故应急救援预案的构成；2）事故应急救援预案的编制；3）事故应急救援预案的演练。

5.1.8 安全评价结果与结论的关系

评价结果是指子系统或单元的各评价要素通过检查、检测、检验、分析、判断、计算、评价，汇总后得到的结果；评价结论是对整个被评价系统进行安全状况综合评价的结果，是评价结果的综合。评价结果与评价结论是输入与输出的关系，输入的评价结果按照一定的原则整合后，得到评价小结，各评价小结通过整合在输出端可以得到评价结论。整合的原则可以因评价对象的不同而不同，但基本的原理则是逻辑思维的理论。

从评价结果到形成评价结论的具体流程分为三个阶段：评价单元内各类评价结果的汇总和对汇总数据的分析；得出单项评价结果（或综合评价结果），将单项评价结果（或综合评价结果）整合为单项评价结论。

5.1.8.1 结果汇总和初步分析

（1）信息数据结果汇总：对直接采集和间接采集的信息数据结果进行列表汇总。

1）找出"危险物质"和"过量的能量"，对照《生产过程危险和有害因素分类与代码》（GB/T 13861—2009）分别列为危险有害因素以及对应的危险源。

2）按各危险有害因素（危险源）为线索，填入数量、浓度或强度，列出相关临界量或标准值，以《危险化学品重大危险源辨识》（GB 18218—2018）判定其是否构成重大危险源，或判断其是否超标。

3）列出危险有害因素（危险源）对应的安全设施，标出用途（预防、控制、救灾）和类型（直接、间接、提示、个体）。

（2）结果初步分析：对汇总的信息数据结果进行分析。

1）从数量、浓度、强度等指标分析危险有害因素导致事故的严重性。可以按对应标准分为超过标准（不合格）和低于标准（合格），也可以不按"合格""不合格"来进行分类，在超标的"不合格"之中，也可多确定几个级别，级别越高，一旦发生事故的后果严重性越大。

2）从危险有害因素对应的安全设施分析发生事故的可能性。各用途的安全设施配备越齐全、采用直接（本质安全）型和间接（控制）型安全设施可靠性越好、有效性越强，发生事故的可能性越小。

3）如果危险有害因素超标，且没有配置或没有完整配置安全设施，则发生事故的可能性将大幅上升。危险有害因素失控，构成"事故隐患"，按《企业职工工伤事故分类》（GB 6441—1986）的 20 种事故类型命名"事故隐患"，这就是评价项目的"固有危险"。

4）根据危险有害因素导致事故的严重性和发生事故的可能性，估计事故的"风险"。按本行业的经济能级、技术水平、国内外同行的现状，判断"风险"是否可接受。若"风险"不可接受，则应提出补充安全技术和管理对策措施，提高安全设施的配置。

5）经过补充安全技术和管理对策措施和提高安全设施配置的安全补偿时，得到"现实危险"，这就是单项安全评价结果。

5.1.8.2　单项和综合评价结果

A　单项安全评价结果

（1）固有危险分析。

1）危险有害因素分析。根据信息数据结果汇总，将危险有害因素数量、浓度、强度或相关实测数据，对照相关标准，确定发生事故的严重性。2）安全设施分析。根据信息数据结果汇总，将危险有害因素对应的安全设施进行分析，确定安全设施是否能有效屏蔽事故，是否构成"事故隐患"，同时确定发生事故的可能性。3）发生事故的风险分析。从发生事故的严重性和发生事故的可能性得到发生事故的风险，并判断风险是否可以接受。

（2）安全对策措施。对构成"事故隐患"或"风险不可接受"的危险有害因素提出安全对策，建议提高安全设施的配置并对安全设施的可靠性和有效性进行判断。

（3）现实危险分析。根据改进后安全设施的实际水平，如防护形式、防护功能、可靠性和有效性，确定安全设施是否能有效屏蔽事故，是否已不构成"事故隐患"，同时确定发生事故可能性的降低程度。安全设施改善之后是否使危险有害因素相关实测数据降到标准以内，降低了发生事故的严重性。从经安全补偿后发生事故的严重性和发生事故的可能性得到经安全补偿后发生事故的风险，判断此风险是否可接受，并将其作为单项评价结果。但因安全评价提出的安全对策措施不是行政命令而是技术建议，故被评价单位对其有采纳、不采纳和部分采纳的权利。被评价单位也可另外进行专题认证，采取其他措施，所以评价时要注重实际情况的变化。在预评价中，可以用假设确定一些条件，要着重说明初步动机不采纳评价机构的安全技术建议，假设条件不成立，需要重新评价，不能随意降低现实危险。

B 综合评价结果

采用某种评价方法，多个单项评价结果整合得到综合评价结果。评价方法中，如某个数学模型中也可以包含多个危险有害因素的定量指标。评价方法通常带有危险分级标准，按评价方法得到综合评价结果对照标准确定危险等级，若危险等级较高，则需要对所涉及危险有害因素的对应安全设施进行增配。一般来说，综合评价结果为"安全作业"和"轻微危险"时，不需再进行安全设施补偿，而在"中等危险"或以上时，需要提高安全设施配置，降低危险等级。

5.1.8.3 单元评价结论

（1）列出各评价单元：按安全系统工程的原理，考虑各方面的综合或联合作用，将评价对象从"人、机、料、法、环"的角度，分解为人力与单元管理、设备与设施单元、物料与材料单元、方法与工艺单元、环境与场所单元（也可以按单元划分原则，将系统分解为多个评价单元）。

（2）列出评价单项结果：对每个单元所包含的评价内容，标出信息采集的项，并列出各单项评价结果。

（3）列出单元评价结论：整合多个单项评价结果得到单元评价结论。

5.2 安全预评价报告编制实训

5.2.1 安全预评价报告的内容

5.2.1.1 安全预评价报告的要求

安全预评价报告应全面概括性地反映安全预评价过程的全部工作，文字应简洁、准确，提出的资料清楚可靠，论点明确，利于阅读和审查。

5.2.1.2 安全预评价报告的内容

（1）目的。结合评价对象的特点阐述编制安全预评价报告的目的。

（2）评价依据。列出有关的法律法规、标准、行政规章、规范、评价对象被批准设立的相关文件及其他有关参考资料。

（3）概况。列出评价对象的选址、总平面图及平面布置图、水文情况、地质条件、工业园区规划、生产规模、工艺流程、功能分布、主要设施设备、主要装置、主要原材料、中间体、产品、经济技术指标、公用工程及辅助设施、人流、物流等。

（4）危险、有害因素的辨识与分析。列出危险、有害因素辨识与分析的依据，阐述危险、有害因素辨识与分析的过程。

（5）评价单元的划分。阐述划分评价单元的原则、分析过程等。

（6）评价方法。简要介绍选定的安全预评价方法；阐述选此方法的原因；详细列出定性、定量评价过程；对重大危险源的分布、监控情况以及预防事故扩大的应急预案的内容，应明确给出相关的评价结果；对得出的评价结果进行分析。

（7）安全对策措施建议。列出安全对策措施建议的依据、原则、内容。

（8）评价结论。简要说明主要危险、有害因素评价结果，指出应重点防范的重大危险、有害因素，明确应重视的安全对策、措施建议，明确评价对象潜在的危险、有害因素，在采取安全对策和措施后，危险、有害因素能否得到控制以及受控的程度如何。从安全生产角度考虑，对评价对象给出是否符合国家有关法律法规、标准、行政规章、规范要求的客观评价。

5.2.2　煤矿建设项目安全预评价报告实例

5.2.2.1　安全预评价工作程序与工作内容

A　前期准备

（1）明确煤矿建设项目安全预评价对象和评价范围，组建评价工作组。

（2）收集国内相关法律法规、标准、规章、规范及有关规定。

（3）收集并分析安全预评价对象及相关基础资料，包括建设单位概况、隶属关系，以及建设项目基本情况，包括所在地区、气候条件、周边环境及其交通情况图，建设规模、矿区开发情况等。

B　现场调查

（1）对煤矿建设项目的自然地理、周边环境、地质条件、资源条件、邻近煤矿及小窑、改扩建煤矿的现状等情况进行实地调查。

（2）煤矿开拓方式、开采水平、生产系统及辅助系统说明，灾害事故防范控制的基本措施和效果资料，安全管理及安全生产情况说明。

（3）相关图纸资料。

1）井工煤矿。需要提供的图纸有：矿井地质构造图，水文地质图，井上、下对照图，巷道布置图，采掘工程平面图，通风系统图，井下运输系统图，安全监控、人员定位装备布置图，排水、防尘、供水、防火注浆、压风、充填、瓦斯抽采等管路系统图，井下通信系统图，井上、下配电系统图，井下电气设备布置图，井下紧急避灾系统及避灾路线图等。

2）露天煤矿。矿井地质和水文地质图，总体布置图，运输系统平面图，采场平面图及纵剖面、横剖面图，供电系统图，供水系统图等。

（4）煤矿已采区域分布、状况及影响范围资料。

（5）对安全预评价报告引用的类比工程进行实地调查。

C　危险、有害因素辨识与分析

（1）危险、有害因素分析所需资料。矿井地质构造，煤层赋存情况，工程地质及对开采不利的岩石力学条件，水文地质条件及相关资料，煤层瓦斯赋存资料，改建、扩建矿井瓦斯等级鉴定资料，煤与瓦斯突出危险性预测资料，煤的自燃倾向性、煤尘爆炸性资料，冲击地压资料，热害资料，有毒有害物质组分、放射性物质含量、辐射类型及强度等，地震资料，气象条件，附属生产单位或附属设施危险、有害因素资料，井田四邻情况、采空区及废弃巷道情况，煤层开采的其他特殊危险、有害因素的说明资料。

（2）依据建设项目勘探地质报告和可行性研究报告等资料和现场调查情况，辨识该建设项目和生产过程中可能存在的各种危险、有害因素，分析其危险程度。应以瓦斯、煤尘、水、火、顶板、地热、地压、地表环境等自然灾害类危险因素和本建设项目特殊的有害因素为辨识重点。

（3）分析危险、有害因素可能导致灾害事故的类型，可能的激发条件和作用规律，主要存在的场所。

（4）结合类比工程、邻近煤矿及改扩建煤矿积累的实际资料和典型事故案例做进一步分析。

（5）在综合分析的基础上，确定危险、有害因素的危险度排序。

D 类比工程评价分析

（1）根据建设项目实际，分析类比工程选择的依据，确定选择的类比工程。

（2）收集类比工程相关数据资料，分析数据资料的可靠性、充分性、适用性。

（3）进行类比工程与建设项目主要危险、有害因素的对比分析，包括危险有害因素的种类、危害程度、存在场所。

（4）进行类比工程安全生产对建设项目的借鉴分析，重点是主要危险有害因素的控制防范、安全参数确定、开拓开采部署、开采方法选择、安全系统建立等方面。

E 划分评价单元

（1）根据安全预评价的需要，合理划分安全评价单元。评价单元应相对独立，具有明显的特征界限。

（2）井工煤矿建设项目安全预评价单元划分如下：

1）开采单元；2）通风单元；3）瓦斯防治单元；4）粉尘防治与供水单元；5）防灭火单元；6）防治水单元；7）防热害单元；8）安全监控、人员定位与通信单元；9）爆破器材储存、运输和使用单元；10）运输、提升单元；11）压风及其输送单元；12）电气单元；13）紧急避险与应急救援单元；14）安全管理单元；15）职业危害管理与健康监护单元。

F 选择评价方法

根据评价的目的、要求和评价对象的特点，选择科学、合理、适用的定性、定量评价方法。

G 定性、定量评价

（1）根据勘探地质报告等基础资料和可行性研究报告提出的设计方案，分单元进行定性、定量评价，确定评价单元中危险、有害因素导致事故发生的危险度。

（2）评价矿井瓦斯地质、煤的自燃倾向性、煤尘爆炸危险性、水文地质条件、顶底板岩石力学性质、地质构造、地压、热害、老窑和采空区分布等与安全生产有关主要数据资料的充分性和可靠程度，分析下一步地质工作的必要性和主要工作方向。

（3）评价生产系统（单元）的安全可靠性，安全系统（设施）的必要性和充分性，安全技术措施的可行性、充分性及可能效果，分析存在的不足或缺陷。

（4）根据改扩建项目现状和设计方案，评价保证改扩建期间安全生产的技术和管理措施。

（5）根据项目建设单位的工作业绩，评价建设单位安全管理工作能力。

H 安全对策措施建议

（1）对可行性研究报告中存在不符合勘探地质报告及安全生产法律法规和技术标准的地方应明确指出，并进行说明和纠正；对存在缺陷和不适合建设项目实际的设计方案、生产系统工艺、安全系统、设施设备、安全技术措施等提出改进措施。

（2）根据定性、定量评价，对设计中应注意的重大安全问题和建设项目设计选择安全设施提出要求和说明。

（3）对可能导致重大事故发生或容易导致事故发生的危险、有害因素，提出进一步的安全技术与管理措施。

（4）对因地质资料、安全数据缺少或可信度低带来的相关问题，提出下一步地质工作或专项研究的意见。

I 评价结论

（1）明确主要危险、有害因素，指出应重点防范的重大灾害事故和重要的安全建议。

（2）应对评价结果进行概括性说明，给出建设项目与国家有关法律法规、标准、规章、规范符合与否的结论；给出建设项目危险、有害因素引发各类事故的可能性及其严重程度的预测性结论；明确建设项目投产后能否安全运行的结论。

5.2.2.2 煤矿建设项目安全预评价报告的主要内容

A 概述

（1）安全评价的对象及范围。

（2）安全评价的目的。

（3）安全评价的依据。

（4）安全评价的过程。

（5）煤矿建设项目概况。

B 危险、有害因素辨识与分析

（1）危险、有害因素识别的方法和过程。

（2）危险、有害因素的辨识。

（3）分析危险、有害因素可能导致的灾害事故类型、可能的激发条件和作用规律、主要存在场所和危险程度。

（4）危险、有害因素的危险度排序。

C 类比工程评价分析

（1）类比工程的选择依据。

（2）类比工程数据资料来源。

（3）类比工程与建设项目主要危险有害因素的对比分析。

（4）类比工程安全生产对建设项目的借鉴分析。

D 定性定量评价

（1）评价单元的划分。

（2）评价方法的选择。

（3）对评价单元 A 的定性、定量安全评价。

（4）对评价单元 B 的定性、定量安全评价。

（5）对其他评价单元的定性、定量安全评价。

E 安全措施及建议

（1）设计或选择安全设施的要求及说明，设计中应注意的重大安全问题。

（2）安全技术措施及建议。

（3）安全管理措施及建议。

（4）其他相关措施及建议。

F 安全评价结论

（1）明确主要危险、有害因素的重要度排序，指出应重点防范的重大灾害事故和重要的安全建议。

（2）评价结论要明确事故的可能性及其严重程度的预测性结论，也应明确建设项目投产后能否安全运行的结论。

G 附录

（1）委托书。

（2）井田境界划定文件、采矿许可证（改建、扩建项目）等证照。

（3）勘探地质报告评审意见书和备案证明、矿产资源储量备案证明。

（4）可行性研究报告评审资料。

（5）其他专项研究资料和有关部门批准建设项目的文件。

（6）开拓方式布置图、采掘工程平面图等图纸。

H 安全预评价报告格式和载体

（1）格式内容包括封面、安全评价机构资质证书副本复印件、著录项、前言、目录、正文附件、附录。

（2）安全评价报告一般采用纸质载体。为适应信息处理需要，安全评价报告可辅助采用电子载体形式。

5.3 煤矿安全验收评价报告编制实训

5.3.1 安全验收评价概述

安全验收评价是在建设项目竣工验收之前、试生产运行正常后，通过对建设项目的设施、设备、装置的实际运行状况及管理状况的安全评价，查找该建设项目投产后存在的危险、有害因素，确定其程度，提出合理可行的安全对策措施及建议。

安全验收评价是为安全验收进行的技术准备。最终形成的安全验收评价报告，将作为建设单位向政府安全生产监督管理机构申请建设项目安全验收审批的依据。另外，通过安全验收还可检查生产经营单位的安全生产保障、安全管理制度，确认《安全生产法》的落实情况。

5.3.2 安全验收评价技术实训

5.3.2.1 安全验收评价计划书

安全验收评价计划书是正式开展安全验收评价前，由安全评价机构向被评价企业交代的技术文件，其中包括安全评价机构资质证书、安全验收评价原则、安全验收评价依据、评价内容、评价方法、评价程序、检查方式、需要企业送达并解释资料清单的内容、需要企业配合事项及评价日程安排，使企业预先了解安全验收评价的全过程，以便有计划地开展评价工作。

（1）编制安全验收评价计划书的要求。安全验收评价计划书应在安全验收评价工作前期准备阶段进行工况调查的基础上编制；安全验收评价计划要求目的明确，对危险、有害因素分析准确，评价重点单元划分恰当，安全验收评价方法的选择科学、合理、有针对性。

（2）安全验收评价计划书的基本内容。包括：

1）安全验收评价的主要依据；2）建设项目概况；3）主要危险、有害因素及相关作业场所分析；4）安全验收评价重点的确定；5）安全验收评价方法的选择；6）编制的安全检查表；7）安全验收评价工作安排。

5.3.2.2　安全验收评价的内容

安全验收评价工作主要内容有四个方面：

（1）从安全管理角度检查和评价生产经营单位在建设项目中对《中华人民共和国安全生产法》的执行情况；

（2）检查和评价建设项目（系统）及与之配套的安全设施是否符合国家有关安全生产的法律、法规和技术标准；

（3）从安全技术角度检查建设项目中的安全设施是否已与主体工程同时设计、同时施工、同时投入生产和使用；

（4）从整体上评价建设项目的运行状况和安全管理是否正常、安全、可靠。

5.3.2.3　安全验收评价工作程序

根据安全验收评价工作的要求制定安全验收评价工作程序，安全验收评价的一般工作程序如下。

A　前期准备

前期准备工作主要包括：明确评价对象和范围；进行现场调查；收集国内外相关法律、法规、技术标准及建设项目的有关资料；建设项目证明文件核查；建设项目实际工况调查。

（1）明确评价对象和范围。确定安全验收评价范围可界定评价责任范围，特别是增建、扩建及技术改造项目，与原建项目相连难以区别，这时可依据初步设计、投资或与企业协商划分，并写入工作合同。

（2）建设项目证明文件核查。建设项目证明文件与核查主要是考察建设项目是否具备申请安全验收评价的条件，其中最重要的是进行安全"三同时"程序完整性的检查，可以通过核查安全"三同时"过程的证据来完成。"三同时"程序完整性证明资料一般包括：建设项目批准（批复）文件、安全预评价报告及评审意见、初步设计及审批文件、试生产调试记录和安全自查报告（或记录）、安全"三同时"过程中其他证据文件。

（3）建设项目实际工况调查。在完成上述相关证明文件收集工作的同时，还要对工程项目建设的实际工况进行调查。工况调查主要是了解建设项目的基本情况、项目规模以及建设单位有关自述问题等。

1）基本情况。包括企业全称、注册地址、项目地址、建设项目名称、设计单位、安全预评价机构、施工及安装单位、项目性质、项目总投资额、产品方案、主要供需方、技术保密要求等。

2）项目规模。包括自然条件、项目占地面积、建（构）筑物面积、生产规模、单体布局、生产组织结构、工艺流程、主要原（材）料耗量、产品规模、物料的储运等。

3）企业自述问题。包括项目中未进行初步设计的单体、项目建成后与初步设计不一致的单体、施工中变更的设计、企业对试生产中已发现的安全及工艺问题是否提出了整改方案等。

(4) 资料收集及核查。在熟悉企业情况的基础上，对企业提供的文件资料进行详细核查，对项目资料缺项提出增补资料的要求，对未完成专项检测、检验或取证的单位提出补测或补证的要求，将各种资料汇总成图表形式。

需要核查的资料根据项目实际情况决定，一般包括如下内容。

1）相关法规和标准。相关法规和标准包括建设项目涉及的法律、法规、规章及规范性文件项目所涉及的国内外标准、规范。

2）项目的基本资料。主要包括项目平面、工艺流程、初步设计（变更设计）、安全预评价报告、各级政府批准（批复）文件。若实际施工与初步设计不一致，还应提供"设计变更文件"或批准文件、项目平面布置简图、工艺流程简图、防爆区域划分图、项目配套安全设施投资表等。

3）企业编写的资料。主要包括项目危险源分布与控制图、应急救援预案及人员疏散图、安全管理机构及安全管理网络图、安全管理制度、安全责任制、岗位（设备）安全操作规程等。

4）专项检测、检验或取证资料。主要包括特种设备取证资料汇总、避雷设施检测报告、防爆电气设备检验报告、可燃（或有毒）气体浓度检测报警仪检验报告、生产环境及劳动条件检测报告、专职安全员证、特种作业人员取证汇总资料等。

B 编制安全验收评价计划

编制安全验收评价计划是在前期准备工作的基础上，分析项目建成后存在的危险、有害因素的分布与控制情况，依据有关安全生产的法律、法规和技术标准，确定安全验收评价的重点和要求，依据项目实际情况选择验收评价方法，测算安全验收评价进度。评价机构根据建设项目安全验收评价实际运作情况，自主决定编制安全验收评价计划书。

C 安全验收评价的现场检查

安全验收评价的现场检查是按照安全验收评价计划，对安全生产条件与状况进行独立的现场检查和评价。评价机构对现场检查及评价中发现的隐患或尚存的问题，应提出改进措施及建议。

a 制定安全检查表

安全检查表是前期准备工作策划性的成果，是安全验收评价人员进行工作的工具。编制安全检查表时要解决两个问题，即"查什么"和"怎么查"问题。

b 现场检查方式

(1) 按部门检查也称按"块"检查，是以企业部门（车间）为中心进行检查的方式。

（2）按过程检查也称按"条"检查，是以受检项目为中心进行检查的方式。

（3）顺向追踪也称"归纳"式检查，是从"可能发生的危险"顺向检查其安全和管理措施的方式。逆向追溯也称"演绎"式检查，是从"可能发生的危险"逆向检查其安全和管理措施的方式。

c　数据收集方法的确定

（1）问。以检查计划和检查表为主线，逐项询问，可作适当延伸。

（2）听。认真听取企业有关人员对检查项目的介绍，当介绍偏离主题时可作适当引导。

（3）看。定性检查，在问、听的基础上，进行现场观察、核实。

（4）测。定量检查，可用测量、现场检测、采样分析等手段获取数据。

（5）记。对检查获得的信息或证据，可用文字、复印、照片、录音、录像等方法记录。

检查的内容在前期准备阶段制定的安全检查表中规定，检查过程中也可按实际工况进行调整。

D　定性、定量评价

通过现场检查、检测、检验及访问，得到大量数据资料，首先将数据资料分类汇总，再对数据进行处理，保证其真实性、有效性和代表性。采用数据统计方法将数据整理成可以与相关标准比对的格式，考察各相关系统的符合性和安全设施的有效性，列出不符合项，按不符合项的性质和数量得出评价结论并采取相应措施。

E　安全对策措施

对通过检查、检测、检验得到的不符合项进行分析，对照相关法规和标准，提出技术及管理方面的安全对策措施。安全对策措施分类如下：

（1）"否决项"不符合时，提出必须整改的意见；

（2）"非否决项"不符合时，提出要求改进的意见；

（3）"适宜项"符合时，提出持续改进建议。

F　编制安全验收评价报告

在对照相关法律、法规、技术标准的基础上，根据验收评价的前期准备、评价计划、现场检查及评价等四个阶段的工作成果来编制安全验收评价报告。

G　安全验收评价报告评审

安全验收评价报告评审是建设单位按国家有关规定，将安全验收评价报告报送专家评审组进行技术评审，并由专家评审组提出书面评审意见。评价机构根据专家评审组的评审意见，修改、完善安全验收评价报告。

5.3.3　煤矿建设项目验收评价实例

本节以井工开采煤矿的验收评价为例，介绍安全验收评价的全过程。通过本实例的学习，可以深入了解煤矿安全验收评价的细节及操作过程，总结和回顾前面所学的知识，迅速走向实战阶段。

5.3.3.1　煤矿建设项目验收评价的内容

（1）检查各类安全生产相关资质（资格）、证件、数据资料的系统性和充分性，说明是否满足安全生产法律、法规和技术标准的要求。

（2）评价安全设施与有关规定、标准、规程的符合性及其确保安全生产的可行性、可靠性。

（3）评价安全管理模式、制度的系统性和科学性，明确安全生产责任制、安全管理机构、安全管理人员、安全生产制度等相关内容的落实情况，并评价其是否满足安全生产法律、法规和技术标准的要求。

（4）通过对煤矿的系统、开采方式、生产场所及其设施设备的实际情况、管理状况的调查分析，查找该煤矿投产后危险、有害因素，确定其危险度。

（5）对生产系统和辅助系统进行评价，明确是否已经具备完善的煤矿安全生产系统的条件和能力，并提出合理可行的安全对策，措施及建议。

此外，对于一矿多井的煤炭企业，按照上述要求，先对各个自然井分别进行安全验收评价，然后再根据各个自然井的安全验收评价结果对全矿进行总体的安全验收评价。

5.3.3.2 煤矿建设项目验收评价步骤

A 前期准备

在进行项目验收评价之前，首先要明确评价对象和范围，通过对煤矿建设项目进行现场调研，以初步了解煤矿建设项目的状况；同时，收集国内外相关法律、法规、技术标准与评价对象相关的数据资料。

井工煤矿建设项目安全验收评价需要建设单位提供的参考资料如下：

（1）煤矿概况。煤矿企业概况主要包括以下内容：

1）企业基本情况，包括隶属关系、职工人数、所在地区及其交通情况等；

2）企业生产、经营活动合法证明材料，包括：企业法人证明、矿山企业生产营业执照、矿产资源开采许可证等。

（2）矿井设计依据：1）矿井设计依据的批准文件；2）矿井设计依据的地质勘探报告书；3）矿井设计依据的其他有关矿山安全基础资料。

（3）矿井设计文件。矿井设计文件主要包括以下四个方面的内容：

1）详细的矿井设计资料；

2）开采水平、采区、采掘工作面的设计资料；

3）生产系统及辅助系统设计的图纸、说明书及其他资料；

4）能反映矿井实际情况的图纸，主要有：矿井地质和水文对照图，井上下对照图，巷道布置图，采掘工程平面图，通风系统图，井下运输系统图，安全监控装备布置图，排水、防尘、防火注浆、压风、充填抽采瓦斯等管路系统图，井下通信系统图，井上下配电系统图，井下电气设备布置图，井下避灾路线图。

（4）生产系统及辅助系统说明：

1）矿井实际生产能力、开拓方式、开采水平等；

2）开采水平、采区采掘工作面生产及安全情况的说明；

3）生产系统和辅助系统生产及安全情况的说明。

（5）危险、有害因素分析所需资料。地质构造，工程地质及对开采不利的岩石力学条件，水文地质及水文条件，冲击地压等资料；煤自燃倾向性、矿井热害资料；地震、气象条件等资料；有毒有害物质组分、放射性物质含量、辐射类型及强度等资料；生产过程中的有害因素，附属生产单位或附属设施危险、有害因素资料；煤矿四邻情况和废弃巷道的相关资料；煤矿开采的特殊危险、有害因素的相关资料。

（6）安全技术与安全管理措施资料。

1）矿体开采可能冒落区的地面范围资料；2）矿井、水平、采区的安全出口布置、开采顺序、采煤方法、采空区处理方法和预防冒顶、片帮的措施；3）保障矿井通风系统安全可靠的措施；4）预防冲击地压（岩爆）的安全措施；5）防治瓦斯、煤尘爆炸的安全措施；6）防治煤与瓦斯突出的安全措施；7）防治煤自燃发火的安全措施；8）防治矿井火灾的安全措施；9）防治地面洪水的安全措施；10）防治井下透水、涌水的安全措施；11）提升、运输及机械设备防护装置及安全运行保障措施；12）供电系统安全保障措施；13）爆破安全措施；14）爆破器材加工、储存安全措施；15）矿井气候调节措施；16）防噪声、振动安全措施；17）矿山安全监测监控设备、仪器仪表资料；18）井口、井下急救站；19）安全标志及其使用情况资料；20）安全生产责任制；21）安全生产管理规章制度；22）安全操作规程；23）其他安全管理和安全技术措施。

（7）安全机构设置及人员配置：

1）通风防尘、灾害监测等安全管理机构及人员配置；2）工业卫生、救护和医疗急救组织及人员配置；3）安全教育、培训情况；4）工种及其设计定员。

（8）安全专项投资及其使用情况。

（9）安全检验、检测和测定的数据资料：

1）特种设备检验合格证；2）特殊工种培训、考核记录及其上岗证；3）主要通风机检验、监测及运行情况的记录和数据；4）矿井通风测定数据；5）矿井瓦斯测定数据；6）矿井涌水量记录；7）矿井自然发火区记录及其自燃情况的数据；8）各类事故情况的记录；9）职工健康监护的数据；10）其他安全检验、检测和测定的数据资料。

（10）安全评价所需的其他资料和数据。

B　危险、有害因素识别与分析

根据煤矿的开拓、开采方式、生产系统和辅助系统、周边环境及水文地质条件等特点，识别和分析生产过程中的危险、有害因素。

C　划分评价单元

对具有复杂生产系统的煤矿建设项目，可按开采水平、生产工艺、生产场所的类别划分评价单元。划分评价单元，包括：

（1）开采系统；（2）通风系统；（3）瓦斯、煤尘爆炸防治系统；（4）煤与瓦斯突出防治系统；（5）防灭火系统；（6）防治水系统；（7）监测监控系统；（8）爆破器材储存、运输系统；（9）运输、提升系统；（10）压气及其输送系统；（11）电气系统；（12）救护系统；（13）安全管理系统；（14）卫生、保健与健康监护系统。

划分的评价单元应相对独立，且具有明显的特征界限，便于进行危险、有害因素的识别和危险度评价。

D　现场安全调查

在煤矿建设项目的安全验收评价中，通过现场安全调查应明确以下内容：

（1）明确安全管理机制、安全投入、安全管理制度、安全管理机构及其人员配置等是否适合安全生产的要求，是否形成了适应煤矿生产特点的安全管理模式；

（2）明确生产系统、辅助系统及其工艺、设施和设备等是否满足安全生产法律、法规及技术标准的要求；

（3）明确对可能引发的火灾、瓦斯与煤尘爆炸、煤与瓦斯突出、透水、片帮冒顶等灾害，机械伤害、电气伤害等事故是否采取了措施，并得到了有效的控制；

（4）明确通风、排水、供电、提升运输、应急救援、通信、监测、抽采、综合防突等安全生产系统及其他辅助系统是否完善并可靠；

（5）说明各安全生产系统、开采方法及开采工艺等是否合理；

（6）是否对采空区、废弃巷道进行了管理，并得到了有效控制；

（7）熟悉不符合安全生产法律、法规或不透应煤矿安全生产的事故隐患。

E 定性、定量评价

根据煤矿实际情况，选择与之相适应的科学、合理的定性、定量评价方法，对可能引发事故的危险、有害因素进行评价，并分析事故发生的致因因素及其危险度，为制定安全对策、措施提供科学依所据。

F 提出安全对策措施及建议

根据现场安全检查和评价结果，对违反安全生产法律、法规和技术标准或不适合本煤矿的行为、制度提出安全改进措施及建议；对安全管理机构设置、人员配置和不符合安全生产法律、法规和技术标准的工艺、场所、设施和设备等，提出安全改进措施及建议；对可能导致重大事故发生或容易导致事故发生的危险、有害因素提出安全改进措施及建议。

G 做出安全评价结论

煤矿建设项目安全验收评价应对开拓方式、开采方法、生产工艺、辅助系统、安全管理是否满足有关安全生产法律、法规和技术标准要求的明确结论；对安全设施的设计、施工、生产和使用等是否满足有关安全生产法律、法规和技术标准要求的明确结论，并重点说明安全设施与主体工程是否做到了"三同时"。

H 编制安全验收评价报告

煤矿安全验收评价报告应将安全评价对象、安全评价过程、安全评价方法、安全评价结果、安全对策措施及建议等写入安全评价报告中。评价机构组织专家进行技术评审，并由专家评审组提出书面评审意见，评价机构再根据评审意见修改、完善评价报告。

5.3.3.3 煤矿建设项目验收评价报告编写

A 煤矿建设项目安全验收评价报告的编写要求

煤矿安全验收评价报告应满足下列要求：

（1）真实描述煤矿安全评价的过程；

（2）明确参与安全验收评价工作的安全评价机构、人员，以及安全验收评价报告的完成时间；

（3）简要描述煤矿生产及管理状况；

（4）说明安全对策措施及安全评价结果。

B 煤矿建设项目安全验收评价报告的主要内容

（1）概述。根据煤矿企业的概况及生产情况，说明安全评价的对象及范围、安全评价的依据和拟验收的建设项目。

（2）危险、有害因素识别与分析。应说明主要危险、有害因素的存在场所，如何对危险、有害因素进行识别；并分析主要危险、有害因素的危险性。

（3）安全管理评价。首先对现行的安全管理模式、制度及其执行情况进行分析，其次，明确对安全管理体系适应性进行评价的方法和过程，最后，说明安全管理体系适应性的评价结果。

（4）安全设施"三同时"评价：

1）安全设施"三同时"情况说明与分析；2）安全设施确保安全生产可行性评价。

（5）安全生产合法性评价：

1）安全设施、设备等检测检验合法性评价；2）安全管理机构、人员的合法性评价；3）安全生产体系的合法性评价。

（6）生产系统与辅助系统评价：

1）各系统的安全评价方法、过程及结果；2）矿井（或采场）综合安全评价方法过程及结果。

（7）定性、定量评价。对矿井各重大危险、有害因素的危险度进行评价。

（8）安全措施及建议：

1）针对事故整改措施的建议；2）安全管理措施及建议；3）安全技术措施及建议。

（9）安全评价结论。

（10）安全验收评价报告评审。安全评价机构组织专家进行技术评审，并由专家评审组提出书面评审意见，再根据评审意见修改、完善评价报告，形成最终的安全验收评价报告。

C 煤矿建设项目验收评价报告格式及载体

（1）煤矿验收评价报告格式。煤矿验收评价报告格式如下：

1）封面；

2）评价机构安全评价资格证书副本复印件；

3）著录项；

4）前言；

5）目录；

6）正文；

7）附件；

8）附录。

（2）煤矿验收评价报告的载体。安全验收评价报告一般采用纸质载体，为适应信息处理需要，安全评价报告也可辅助采用电子载体形式。

5.4 煤矿安全现状评价报告编制实训

5.4.1 煤矿安全现状评价技术实训

5.4.1.1 煤矿安全现状评价的内容

（1）明确安全生产责任制、安全管理机构、安全管理人员、安全生产制度等内容的落实执行情况，是否满足安全生产法律、法规和技术标准的要求，并说明现行企业安全管理模式是否满足安全生产的要求。

（2）评价煤矿安全生产保障体系的系统性、充分性和有效性，明确其是否满足煤矿实现安全生产的要求。

（3）评价各生产系统和辅助系统及其工艺是否满足安全生产法律、法规和技术标准的要求。

（4）识别煤矿生产中的危险、有害因素，确定其危险度。

（5）对生产系统和辅助系统中存在或可能引发的危险、有害因素提出合理可行的安全对策、措施及建议。

对于一矿多井的企业，根据上述要求，先分别对各个自然井进行安全现状评价，然后再根据各个自然井的评价结果对全矿井进行总体的安全现状评价。

5.4.1.2　煤矿安全现状评价的步骤

煤矿安全现状评价的步骤主要有：前期准备，危险、有害因素识别与分析，划分评价单元，现场安全调查，定性、定量评价，提出安全对策、措施及建议，做出安全评价结论，编制安全现状评价报告，安全现状评价报告备案等。

A　前期准备

收集国内外相关法律、法规、技术标准及与评价对象相关的煤矿行业数据资料，明确评价对象和范围，编制安全现状评价工作计划；进行煤矿现场调查，初步了解煤矿状况。

（1）收集资料。煤矿安全现状评价需要委托方提供参考资料，主要包括：煤矿概况，矿井设计相关文件，生产系统及辅助系统说明，危险、有害因素分析的相关资料，安全技术与安全管理措施资料，安全机构设置及人员配置，安全专项投资及其使用情况，安全检验、检测和测定的数据资料，安全评价所需的其他资料和数据。

（2）煤矿安全评价工作依据的主要法规和标准。

（3）组建评价组。依据项目评价的对象及范围、评价涉及的专业技术和时间要求，为保证评价报告质量，合理选配评价人员和技术专家组建项目评价组。评价组内人员按照专业需求、技术水平及工作经验等特点进行合理分工。必要时，公司可与受托方分别指派一名项目协调人员，负责项目进行过程中双方信息资料的交流与文件管理。

B　危险、有害因素识别与分析

根据煤矿的开拓、开采方式和工艺，生产系统和辅助系统特点、周边环境及水文地质条件等，识别和分析生产过程中的危险、有害因素。

C　划分评价单元

对具有复杂生产系统的煤矿建设项目（或煤矿），可按安全生产系统、开采水平、生产工艺、生产场所、危险与有害因素类别等划分成若干个评价单元。

安全现状评价时，评价单元应相对独立且具有明显的特殊界限，便于进行危险、有害因素识别和危险度分析。

D　选择评价方法

根据煤矿的特点，选择科学、合理适用的定性、定量评价方法。

E　现场安全检查

针对煤矿生产的特点，对照安全生产法律、法规和技术标准的要求，采用安全检查表或其他系统安全评价方法，对煤矿（或选择的类比工程）的各生产系统及其工艺场所和设施、设备等进行安全检查。在煤矿安全现状评价中，通过现场安全检查应明确：

（1）安全管理机制、安全管理制度、安全投入、安全管理机构及基本人员配置等是否适合安全生产的要求，是否形成了适应煤矿生产特点的安全管理模式；

（2）辅助系统及工艺、设施和设备等是否满足安全生产法律法规及技术标准的要求；

（3）可能引起的火灾、瓦斯与煤尘爆炸、煤与瓦斯突出、水害、片帮、冒顶等灾害是否得到了有效控制；

（4）机械伤害、电气伤害及其他危险、有害因素是否得到了有效控制；

（5）明确通风、排水、供电、提升运输、应急救援、通信、监测、抽采、综合防突等系统及其他辅助系统是否完善并可靠；

（6）说明各安全生产系统、开采方法及开采工艺等是否合理；

（7）明确采空区废弃巷道是否都进行了管理，并得到了有效控制；

（8）明确不满足安全生产法律法规或不适应煤矿安全生产的事故隐患。

F　定性、定量评价

说明针对主要危险、有害因素和生产特点选用的评价方法，对事故发生的可能性及严重程度进行分析计算，对得出的评价结果进行分析。结合现场调查结果及同行或同类生产的事故案例分析，统计其发生的原因和概率。

G　提出安全对策措施及建议

综合评价结果，提出相应的对策措施与建议，并按照风险程度的高低对解决方案进行排序。

H　做出安全现状评价结论

安全现状评价结论是评价报告在充分论证基础上的高度概括，明确指出项目的安全状态水平，层次要清楚，语言要精炼，结论要准确，不但要符合客观实际，还要有充足的理由。

I　编制安全现状评价报告

煤矿安全评价报告的要求如下：

（1）真实描述煤矿安全评价的过程；

（2）能够反映出参加安全评价的安全评价机构和其他单位、参加安全评价的人员、安全评价报告完成的时间；

（3）简要描述煤矿建设项目可行性研究报告内容或煤矿生产及管理状况；

（4）阐明安全对策措施及安全评价结果。

煤矿安全评价报告是整个煤矿评价工作综合成果的体现，评价人员要认真编写，评价组长综合、协调好各部分内容，编写好的报告要根据质量手册的要求和程序进行质量审定，评价报告完成审定修改后打印装订。

5.4.2　煤矿安全现状评价报告编写

5.4.2.1　煤矿安全评价报告的总体要求

煤矿安全现状评价报告的总体要求是全面、概括地反映煤矿评价的全部工作。安全评价报告应文字简洁、准确，可同时采用图表和照片，以使评价过程和结论清楚、明确，利于阅读和审查。符合性评价的数据、资料和预测性计算过程可以编入附录。

在煤矿安全评价报告的编写过程中，如遇煤矿建设项目的基本内容发生变化，在评价报告中应反映出来，如评价方法和评价单元需要作变更或作部分调整，在评价报告书中应说明理由。

5.4.2.2　煤矿现状评价报告的内容

安全现状评价报告的要求比安全验收评价报告更详尽、更具体，特别是对危险分析要全面、具体，主要内容叙述如下。

（1）被评价单位基本情况。内容包括煤矿选址、总图及平面布置、生产规模、工艺流程、主要设备、主要原材料中间体、产品经济技术指标、公用工程及辅助设施等。煤矿的生产工艺，在评价过程中可根据煤矿的补充材料及调研中收集到的材料做修改和补充。在调研中收集到的相关事故案例、不安全状况等也在本节中作简要叙述。

（2）主要危险有害因素识别。根据煤矿周边环境生产工艺流程或场所的特点，对存在的危险、有害因素逐一分析，明确建设项目所涉及的危险有害因素并指出存在的部位，明确在安全运行中实际存在和潜在的危险、有害因素。

（3）评价单元的划分与评价方法选择。阐述划分评价单元的原则、分析过程，根据评价的需要，在对危险、有害因素识别和分析的基础上，以自然条件、基本工艺条件危险、有害因素分布及状况便于实施评价为原则，划分成若干个评价单元，实践中基本上可以按照井工煤矿生产系统和辅助系统来划分。

说明针对主要危险、有害因素和生产特点选用的评价方法。对不同的评价单元，可根据评价的需要和单元特征选择不同的评价方法。

（4）定性、定量评价。建议根据项目特点选用适合的风险定量评价方法，进行定量评价时应正确选取参数，对结论要做可行性分析。根据煤矿的具体情况，对主要危险、有害因素可能导致的事故的可能性及严重程度进行分析计算，对危险性大且容易造成重大伤亡事故的危险、有害因素，也可选用两种或几种评价方法进行评价，以相互验证和补充。

对于一些新工艺、新技术，应选用适当的评价方法，并在评价中注意具体情况具体分析，合理选取评价方法中规定的指标、系数取值。

本部分内容较多，可编写在一个章节内，也可分为两个或多个章节编写，根据评价对象的具体情况而定。

（5）提出安全对策措施及建议。

1）从提高安全设施、设备在生产中的安全可靠度出发，借鉴国内外先进、成熟的安全技术和管理经验，提出降低事故风险的对策和建议。

2）根据各评价单元的评价结果，提出安全技术、安全管理方面的对策和措施。安全对策措施的对象是"事故隐患"，重点在"安全设施"，不能以安全管理代替安全设施。

3）提出的安全对策措施要分轻重缓急，在措辞上要慎重，对一些强制性词汇要注意与法律法规、标准中的规定相一致。

（6）做出评价结论。简要地列出主要危险、有害因素的评价结果，指出应重点防范的重大危险、有害因素，明确重要的安全对策措施。通过整合各评价单元，得出系统性评价结论。评价结论明确前，必须说明前提条件，这样才能较真实和准确地反映评价对象的总体状况。尤其对项目安全生产的隐患和存在问题，必须提出明确的整改措施和时间。

5.4.2.3 煤矿安全现状评价报告的重点

（1）在概述中，注意包括安全评价对象及范围，安全评价依据，煤矿企业概况和生产概况。

（2）在危险、有害因素识别与分析中，要包括识别的方法和过程，危险性分析和存在的场所等内容。

（3）在安全现状评价中，要包括安全管理模式、制度及其执行情况，以及安全管理体系适应性评价方法、过程及评价结果和结果分析。

（4）在生产系统与辅助系统评价中，注意包括按煤矿的生产系统与辅助系统划分评价单元，选择评价方法；煤矿各生产系统与辅助系统安全评价方法、过程及结果；矿井（或采场）综合安全评价方法、过程及结果。

（5）在定性、定量评价中，要选择与实际相符合的定性、定量评价方法，并计算危险度。

（6）在煤矿事故统计分析中，注意包括同类矿山事故统计分析；被评价煤矿生产事故统计分析；被评价煤矿生产事故的致因因素、影响因素及其事故危险度评价。

（7）在安全措施及建议中，分析影响系统安全运行的隐患和问题，明确提出相应的安全对策、措施及建议。

（8）在安全评价结论中，注意包括煤矿现有的技术措施及安全管理能否保障安全生产的需要，是否有进一步提高安全的需要。

5.4.2.4 煤矿安全现状评价报告格式

（1）评价报告的基本格式要求：

1）封面；

2）安全评价资质证书复印件；

3）著录项；

4）前言；

5）目录；

6）正文；

7）附件；

8）附录。

（2）规格。安全评价报告应采用 A4 幅面，左侧装订。

（3）封面格式。

1）封面的内容应包括：委托单位名称，评价项目名称，标题，评价机构名称，安全评价机构资质证书编号，评价报告完成时间。

2）标题。标题应统一写为"安全××评价报告"，其中××应根据评价项目的类别填写为：预验收或现状。

3）封面样张与著录项格式。封面样张与著录项格式按《安全评价通则》（AQ 8001—2019）要求执行。

参 考 文 献

[1] 宁尚根. 煤矿安全风险分级管控与隐患排查治理双重预防机制构建与实施指南［M］. 徐州：中国矿业大学出版社，2018.

[2] 季淮君，程五一. 安全工程专业实验教程［M］. 北京：北京航空航天大学出版社，2019.

[3] 邓奇根，高建良，魏建平，等. 安全工程专业实验教程［M］. 徐州：中国矿业大学出版社，2017.

[4] 中国安全生产科学研究院. 安全生产管理（中级）［M］. 北京：应急管理出版社，2019.

[5] 刘双跃. 安全评价［M］. 北京：冶金工业出版社，2010.

[6] 吴重光. 危险与可操作性分析（HAZOP）基础及应用［M］. 北京：中国石化出版社，2012.

[7] 徐明先，郝万年. 煤矿安全监测监控工［M］. 北京：煤炭工业出版社，2016.

[8] 徐明先. 煤矿通风安全监测工［M］. 北京：煤炭工业出版社，2014.

[9] 王文山，郝万年. 煤矿安全检查工［M］. 北京：煤炭工业出版社，2016.

[10] 尹森山，郝万年. 煤矿瓦斯抽采工［M］. 北京：煤炭工业出版社，2016.

[11] 尹森山，杜春立. 煤矿瓦斯检查作业［M］. 徐州：中国矿业大学出版社，2014.

[12] 崔辉，施式亮. 安全评价［M］. 徐州：中国矿业大学出版社，2019.

[13] 周波，肖家平，骆大勇等. 安全评价技术［M］. 徐州：中国矿业大学出版社，2018.

[14] 罗云. 风险分析与安全评价［M］. 3 版. 北京：化学工业出版社，2016.

[15] 赵耀江. 安全评价理论与方法［M］. 2 版. 北京：煤炭工业出版社，2015.

[16] 曹庆贵. 安全评价［M］. 北京：机械工业出版社，2017.

[17] 胡爱招. 应急救护［M］. 杭州：浙江大学出版社，2020.

[18] 陈雄. 矿山事故应急救援［M］. 重庆：重庆大学出版社，2016.

[19] 郭德勇，潘树启，杨荣宽. 矿山应急救援技术与管理研究［M］. 北京：应急管理出版社，2021.

[20] 张玲，付国庆，荣爽. 灾害预防与应急救援［M］. 武汉：武汉大学出版社，2017.

[21] 高玉坤. 安全工程实验指导书［M］. 北京：冶金工业出版社，2017.

[22] 牛美玲. 安全工程实验指导书［M］. 武汉：华中科技大学出版社，2017.

[23] 杨丹. 安全工程实验指导书［M］. 武汉：中国地质大学出版社，2015.

[24] 裴晓东，朱建云，陈树亮. 安全专业实验［M］. 徐州：中国矿业大学出版社，2019.

[25] 陈静. 矿井通风与安全基础实验教程［M］. 北京：煤炭工业出版社，2018.

[26] 倪文耀. 安全工程专业实验与设计教程［M］. 徐州：中国矿业大学出版社，2012.

[27] 江小华. 安全工程专业实验指导书［M］. 南昌：江西高校出版社，2010.

[28] 黄伟作. 煤矿安全监控实用技术［M］. 北京：煤炭工业出版社，2021.

[29] 黄伟著. 煤矿安全监控实用技术［M］. 北京：应急管理出版社，2021.

[30] 中国煤炭工业学会安全培训专业委员会. 煤矿探放水作业［M］. 北京：煤炭工业出版社，2019.

[31] 霍清华. 煤矿探放水作业复训［M］. 徐州：中国矿业大学出版社，2016.

[32] 王红伟. 煤矿探放水作业安全培训教材［M］. 徐州：中国矿业大学出版社，2016.

[33] 张广义. 煤矿探放水作业现场操作实训教材［M］. 北京：团结出版社，2016.

[34] 李沛涛. 煤矿探放水作业［M］. 徐州：中国矿业大学出版社，2014.

[35] 靳德武，朱明诚. 煤矿探放水作业人员培训教材［M］. 北京：煤炭工业出版社，2014.

[36] 中国煤炭工业安全科学技术学会安全培训专业委员会. 煤矿安全检查作业［M］. 北京：煤炭工业出版社，2018.

[37] 靳德武，朱明诚. 煤矿探放水工［M］. 北京：煤炭工业出版社，2016.

[38] 李洪恩. 煤矿探放水工［M］. 北京：煤炭工业出版社，2013.

[39] 史宗保. 煤矿企业安全检查手册［M］. 徐州：中国矿业大学出版社，2019.

[40] 济宁矿业集团有限公司职工培训中心.安全检查工［M］.北京：煤炭工业出版社，2015.

[41] 本书编委会.安全检查工［M］.北京：煤炭工业出版社，2017.

[42] 马军杰.煤矿安全检查作业安全培训教材［M］.徐州：中国矿业大学出版社，2016.

[43] 冯建国.煤矿安全检查作业［M］.徐州：中国矿业大学出版社，2014.

[44] 国家安全生产监督管理总局培训中心.煤矿安全检查作业［M］.3版.徐州：中国矿业大学出版社，2017.

[45] 张志春.煤矿安全检查作业安全培训教材［M］.徐州：中国矿业大学出版社，2014.

[46] 王春光.安全检查工［M］.徐州：中国矿业大学出版社，2014.

[47] 王永湘.煤矿瓦斯检查作业［M］.北京：煤炭工业出版社，2019.

[48] 煤炭工业职业技能鉴定指导中心组织编写.瓦斯检查工［M］.北京：煤炭工业出版社，2013.

[49] 朱俊杰.瓦斯抽放工［M］.徐州：中国矿业大学出版社，2013.

[50] 煤炭工业职业技能鉴定指导中心.瓦斯检查工初级、中级、高级［M］.北京：煤炭工业出版社，2012.

[51] 郭建文，李莉.煤矿瓦斯监测监控实用技术［M］.北京：煤炭工业出版社，2019.

[52] 王培强，孙亚楠.煤矿安全监测监控技术［M］.北京：煤炭工业出版社，2017.

[53] 熊建光.煤矿安全监测监控作业（复训）［M］.徐州：中国矿业大学出版社，2016.

[54] 魏引尚，李树刚.安全监测监控技术［M］.徐州：中国矿业大学出版社，2014.

[55] 赵云矿.煤矿安全监测监控作业安全培训教材［M］.徐州：中国矿业大学出版社，2016.

[56] 胡献伍.煤矿安全监测监控作业［M］.徐州：中国矿业大学出版社，2014.

[57] 蒋曙光，吴征艳，邵昊.安全监测监控［M］.徐州：中国矿业大学出版社，2013.

[58] 张曾莲.风险评估方法［M］.北京：机械工业出版社，2017.

[59] 朱军.风险评估［M］.北京：经济管理出版社，2020.

[60] 何叶荣.煤矿安全管理风险评价方法及应用研究［M］.合肥：中国科学技术大学出版社，2017.

[61] 罗云.风险分析与安全评价［M］.北京：化学工业出版社，2010.

[62] 陈安著.综合风险分析与应急评价［M］.北京：科学出版社，2019.

[63] 周立辉.煤矿瓦斯抽采作业复训［M］.徐州：中国矿业大学出版社，2016.

[64] 胡宗福.煤矿瓦斯抽采工初训［M］.徐州：中国矿业大学出版社，2012.

[65] 国家安全生产监督管理总局宣传教育中心.煤矿瓦斯抽采作业操作资格培训考核教材［M］.北京：团结出版社，2017.

[66] 姜铁明.煤矿瓦斯抽采作业［M］.徐州：中国矿业大学出版社，2014.

[67] 国家煤矿安全监察局.MT/T 1173—2019 煤层透气性系数测定方法-径向流量法［S］.北京：应急管理出版社，2020.

[68] 河南理工大学，淮南矿业（集团）有限责任公司，郑州煤炭工业（集团）有限责任公司，等.AQ/T1086—2011 煤矿矿井瓦斯地质图编制方法［S］.北京：煤炭工业出版社，2011.

[69] 中国矿业大学（北京），煤炭科学研究总院常州自动化研究院，平顶山煤业（集团）有限责任公司.MT/T 1126—2011 煤矿瓦斯抽采（放）监控系统通用技术条件［S］.北京：煤炭工业出版社，2011.

[70] 煤炭科学研究总院开采设计研究分院，煤炭科学研究总院检测研究分院.GB/T 23561.12—2010 煤的坚固性系数测定方法［S］.北京：中国标准出版社，2010.

[71] 煤炭科学研究总院抚顺分院.AQ 1080—2009 煤的瓦斯放散初速度指标（ΔP）测定方法［S］.北京：煤炭工业出版社，2009.

[72] 煤炭科学研究总院抚顺分院，煤炭科学研究总院重庆研究院.GB/T 23250—2009 煤层瓦斯含量井下直接测定方法［S］.北京：中国标准出版社，2009.

[73] 中国矿业大学煤炭资源与安全开采国家重点实验室.AQ/T 1068—2008 煤自燃倾向性的氧化动力学测定方法［S］.北京：煤炭工业出版社，2008.

[74] 煤炭科学研究总院抚顺分院.采空区瓦斯抽放监控技术规范：MT 1035—2007［S］.国家安全生产监督管理总局，2007.

[75] 煤炭科学研究总院重庆分院.AQ 1047—2007 煤矿井下煤层瓦斯压力的直接测定方法［S］.北京：煤炭工业出版社，2007.

[76] 华中科技大学同济医学院公共卫生学院，中国疾病预防控制中心职业卫生与中毒控制所，武汉市职业病防治研究院.GBZ 192.34—2007 工作场所空气中粉尘测定　第 3 部分：粉尘分散度［S］.北京：人民卫生出版社，2007.

[77] 煤炭科学研究总院抚顺分院.GB/T 20104—2006 煤自然倾向性色谱吸氧鉴定法［S］.北京：中国标准出版社，2006.

[78] 煤炭科学研究总院重庆分院.MT/T 642—1996 管道瓦斯抽放综合参数测定仪技术条件［S］.北京：中国标准出版社，1996.

[79] 煤炭科学研究总院重庆研究所.MT 79—1984 粉尘浓度和分散度测定方法［S］.北京：煤炭工业出版社，1984.

[80] 郑凯歌.煤矿井下瓦斯抽采钻孔封孔技术研究［J］.中国煤炭，2017，43（10）：109~114.

[81] 杨宏民，杨峰峰，安丰华.煤层瓦斯压力测定的合理封孔注浆压力研究［J］.中国安全生产科学技术，2015，11（05）：13~17.

[82] 杨宏民，杨峰峰，陈向军.穿层钻孔"两堵一注"囊袋式快速封孔自动测压技术［J］.煤矿安全，2015，46（05）：78~80.

[83] 王兆丰，武炜.煤矿瓦斯抽采钻孔主要封孔方式剖析［J］.煤炭科学技术，2014，42（06）：31~34.

[84] 中煤科工集团重庆研究院有限公司，煤科集团沈阳研究院有限公司，河南能源化工集团有限责任公司，等.MT/T 639—2019 钻孔瓦斯涌出初速度的测定方法［S］.北京：煤炭工业出版社，2019.

[85] 煤炭科学研究总院重庆分院.MT 421—1996 煤矿用主要通风机现场性能参数测定方法［S］.北京：中国标准出版社，1996.

[86] 煤炭科学研究总院抚顺分院，辽宁工程技术大学.MT/T 440—2008 矿井通风阻力测定方法：［S］.北京：煤炭工业出版社，2008.

[87] 煤炭科学研究总院重庆分院.MT 422—1996 煤矿粉尘浓度分布测定方法（质量法）［S］.北京：煤炭工业出版社，1996.